Lessons in Circularity

순환학습

de Architekten Cie.

서문	10	Foreword

1.

필요성	**14**	**Necessity**
사례 A: 서클, 암스테르담	30	Business Case A: Circl

2.

설계	**38**	**Design**
사례 B: EDGE 올림픽, 암스테르담	84	Business Case B: Edge Olympic

3.

협력	**92**	**Collaboration**
사례 C: 공공 자전거 주차시설, 아인트호벤	106	Business Case C: Bicycle parking facility Eindhoven

4.

데이터	**114**	**Data**
사례 D: 빌딩 패스포트	122	Business Case D: Building passport

5.

비즈니스 사례	**130**	**Business Cases**
사례 E: 갈릴레오 종합자료센터, 노드와이크:	132	Business Case E: Galileo Reference Center, Noordwijk
사례 F: 윈클로브 프로바이오틱스, 암스테르담	140	Business Case F: Winclove Probiotics
사례 G: 스판스 간척지구, 로테르담	148	Business Case G: Spaanse polder
사례 H: EDGE 웨스트, 암스테르담	154	Business Case H: EDGE Amsterdam West

6.

미래	**162**	**The Future**
출판에 관하여	176	About this publication
프로젝트	178	Projects
판권장	179	Colophon

목차 contents

de Architekten Cie.

Cie. 소개글

JLP 인터내셔널(JLP International)과 긴밀하게 협업하여 제작한 ≪순환 건축(Lessons in Circularity)≫ 한영판이 출간되어 대단히 기쁩니다.

네덜란드 암스테르담을 중심으로 하는 건축 회사인 드 아키텍튼 씨(de Architekten Cie., 이하 Cie.)는 유럽과 아시아에서 대규모 복합 건설 프로젝트를 진행해 왔으며, 프로젝트 구상부터 마스터플랜, 설계 및 시공 단계까지 직접 참여하여 관리해 왔습니다.

이러한 경험을 바탕으로 우리는 건축의 미래가 '순환성(Circularity)'에 있다고 확신합니다. 순환성은 지구의 가용 자원을 보호하는 데 중심을 둡니다. 지속 가능한 미래를 위해 순환의 원칙에 따라 건물을 설계하고, 시공하고, 이용하는 것이 절대적으로 필요한 이유입니다.

지구는 하나뿐이기 때문에, 건물을 짓는 데 사용할 수 있는 자원도 한정되어 있습니다. 건설업계는 기후

Introduction from Cie.

We are absolutely thrilled and excited about the Korean-English edition of Lessons in Circularity, produced in strong collaboration with JLP International.

As de Architekten Cie., we are used to work as architects on large, complex projects in the Netherlands, Europe and Asia, from concept, masterplanning, design until execution phase.

Based on such experiences, we are convinced that for the building sector circularity is the future. It is absolutely necessary to design, build and use buildings according to circular principles, because circularity is about protecting the recourses that are available on this earth.

As we have only one earth, the materials available for the buildings are limited. Also, the building sector is responsible for a substantial

노더 파크 공공 수영장, 암스테르담
Noorderparkbad, Amsterdam

마크, 위트레흐트 Mark, Utrecht

변화를 일으키는 이산화탄소 배출에 상당 부분 책임이 있습니다. 건설 분야에서 순환 설계 원칙을 적용한다면, 자원 사용을 최소화하고, 탄소 발자국을 줄이는 데 크게 기여할 수 있을 것입니다.

Cie. 내에서 작은 프로젝트로 시작된 순환성은 이제 그 규모가 확장돼 현재 진행 중인 대규모 프로젝트의 중요한 부분을 차지하고 있습니다. 그동안 체득한 순환의 지식을 JLP 인터내셔널과의 협업을 통해 한국에 공유할 수 있게 된 데 큰 기쁨과 감사를 표합니다.

이 책이 한국의 건축가와 클라이언트, 시공업체에 영감을 주고, 그에 따라 순환의 원칙을 바탕으로 한 고품질의 프로젝트가 이어질 수 있기를 희망합니다.

part of the CO_2 production that causes climate change. Applying the principles of circular design will greatly contribute to minimizing the use of materials and reducing the CO_2 footprint.

Circularity started for us with small projects, but now we notice that circularity is scaling up and is substantial part of large scale projects that we are currently working on. We are very grateful for the opportunity that JLP International gives us to share our circular knowledge in Korea.

We hope that this will inspire Korean architects, clients and builders to work according to circular principles, and will lead to high quality projects.

드 아키텍튼 씨(de Architekten Cie.)

de Architekten Cie.

de Architekten Cie.

JLP 소개글

지난 2022년 10월, 네덜란드 암스테르담과 로테르담을 방문했습니다.

JLP가 이번에 출간하는 «순환 건축(Lessons in Circularity)»은 앞서 출판한 두 책, «오늘의 공간, 공간의 내일»과 «ABCDESG»의 연장선으로 친환경 건축이 실제로 어떻게 구현되는지 배울 수 있는 의미 있는 책입니다.

암스테르담을 방문하는 동안 많은 건물을 보고, 여러 사진을 찍었습니다. 그러나 수백 장의 사진 중에서도 아래 사진 한 장이 가장 기억에 남습니다.

Introduction from JLP International

In October 2022, I visited Amsterdam and Rotterdam in the Netherlands.

The book 'Lessons of Circularity' serves as a continuation of two previous books by JLP, 'Today's Space, Space of Tomorrow' and 'ABCDESG.' This new book is meaningful since it teaches us how sustainable architecture is implemented in a practice.

During my visit to Amsterdam, I saw a lot of buildings and took many photos. I have several hundreds of photos, but the one below sticks out in my mind the most.

프랑캔댈 공원
Park Frankendael

이 사진 속의 하늘처럼 지속 가능한 환경을 누리기 위해서는 무언가를 시작해야 했습니다. 이는 순환성에 관한 다양한 경험과 의견이 더욱 많은 분과 공유되고, 공론화되어야 한다는 생각으로 이어졌습니다.

Cie.를 비롯해 이미 순환성을 도입한 네덜란드의 여러 사례에서 교훈을 얻을 수 있듯이, 이 책을 통해 국내 ABCD(Architecture - Building - Construction - Development) 업계가 한 발짝 더 나아갈 수 있기를 바랍니다.

JLP 인터내셔널
대표이사 제이슨 리

To retrieve such a sky like the one in this picture, I had to start something. This led to the idea that various experiences and opinions on circulation should be shared and publicized with more people.

As we can learn the lessons of circularity from Cie. and many other cases in the Netherlands that have already adopted circularity in the industry, I hope this book will advance the ABCD industries in Korea.

JLP International
CEO Jayson LEE

순환 건축 Lessons in Circularity

드 아키텍튼 씨(de Architekten Cie.)는 1948년부터 네덜란드 암스테르담을 중심으로 도시 지역과 건물을 다양한 형태로 설계해 왔습니다. 이처럼 오랜 역사를 가진 만큼 우리가 설계했던 건물들이 용도변경이나 재개발 혹은 리노베이션을 위해 다시 우리의 설계 보드로 돌아오는 경우를 종종 맞이하곤 합니다. 그렇기 때문에 우리에게 '순환'은 과장된 개념이 아니라 실용적인 측면에서 자리한 습관 같은 것입니다. 이전에는 '에너지 절약,' '지속가능성,' '요람에서 요람으로(Cradle to Cradle)[1]'와 같은 개념으로 알려졌으며, 앞으로는 또 다른 이름으로 불릴지도 모르지만, 보다 더 미래 지향적인 방식으로 건축에 접근해야 한다는 필요성은 사라지지 않을 것이며, 계속해서 커질 것입니다. 순환적인 접근은 언제나 긴밀한 협력이 필요합니다. 이러한 협력이 시작될 수 있도록, 그동안 실무에서 직접 경험하며 체득한 지식을 나누고자 합니다.

'순환성'이라는 용어는 Cie.의 순환 설계 전문가이자 이 책의 편집자인 한스 하밍크(Hans Hammink)가 2021년 언급한 것처럼 건설 부문에서 광범위하게 쓰입니다. 아직 이 개념이 보편적으로 정의되지 않았기 때문에, 우리는 '순환성'의 본질적인 의미를 탐구하는 것으로 책을 시작하려 합니다. 이어서 Cie.가 순환성을 추구하게 된 계기와 동력, 순환적 설계에서 배운 교훈,

협업 시 해야 할 일과 하지 말아야 할 일, 순환성의 디지털 측면에 대해 설명하고, 마지막으로 몇 가지 실무 예시와 함께 순환성의 미래를 전망하며 책을 마무리하겠습니다.

Cie.는 현실적인 문제들을 해결하면서 실질적인 교훈을 얻었습니다. 우리는 이 책에서 순환 설계와 건축이 단순히 자재를 재활용하거나 재사용하는 것 이상을 의미하는 이유를 설명하려 합니다. 순환성은 설계와 시공에 대한 기존의 접근 방식과 완전히 다르며, 이는 곧 시스템의 변화를 의미합니다.

이 책을 흥미롭게 읽으시고, 부디 더 많은 곳에 알려주시기를 바랍니다.

Cie.의
마튼 드 용(Marten de Jong), 브라니미르 메딕(Branimir Medić)

1 요람에서 요람으로(Cradle to Cradle): 인간의 산업영역이 자연의 순환과정인 신진대사와 닮아야 한다는 생체모방적 접근방식. 제품 생산 및 시스템 설계에 이르기까지 다양하게 적용될 수 있다.

de Architekten Cie. has designed areas and buildings in various forms since 1948. With such a long history, it's no surprise that our own buildings often find their way back onto the drawing board for reuse, redevelopment, updates, and upgrades. This is why circularity isn't merely a hype for de Architekten Cie. but a habit born out of practicality. It used to be known as 'energy-conscious', 'sustainable', or 'Cradle to Cradle'[1], and it'll probably take on a different name in the future, but the need to approach construction in a much more forward-looking way isn't going to disappear any time soon. The need will persist and grow. As circularity can only be achieved with chain partners, a circular approach will always require close collaboration. This starts with knowledge, which is why we would like to share our experiences of circularity in practice.

Our circular design specialist Hans Hammink compiled this book. He notes that, in 2021, 'circular' seems to be the magic word that's used to refer to anything and everything in the construction sector. As the term doesn't yet have a generally accepted definition, we'll start this book by defining what circularity actually means. We'll then talk about our drivers and motivation for circularity, about the lessons we have learned in circular design, about the dos and don'ts of circular collaboration, about the digital aspect of circularity, and lastly, we'll discuss some practical examples. We'll finish by looking to the future of circularity.

de Architekten Cie. has learned lessons by tackling practical challenges. In this book, we will attempt to explain why circular design and construction involve far more than just recycling materials or putting together designs that incorporate second-hand construction elements. Compared with the traditional approach to design and construction, circularity is entirely different – it's a system change.

We hope that you enjoy reading this book – and please pass it on.

de Architekten Cie.
Marten de Jong, Branimir Medić

1 Cradle to Cradle is a biomimetic approach in which human industry should mimic the natural cycle of metabolism. It can be applied from product development to system design (Cradle to Cradle - Wikipedia, n.d.).

de Architekten Cie.

1.

필요성

순환성은 더 이상 과장된 개념이 아니다. - 순환 건축의 실무 경험에 관한 한스 하밍크와의 인터뷰

Necessity

Circularity is not a hype – interview with Hans Hammink on practical experiences with circularity

de Architekten Cie.

순환성의 목표는 자재와 에너지의 원천, 현재 상황과 환경을 보호하는 것이다.

The aim of circularity is to protect sources of materials, energy, the existing situation, and the environment.

'순환 건축은 건축가라면 마땅히 해야 할 일이다'

Hans Hammink

'Circular building is the only way to do it right as an architect'

필요성 Necessity

'순환적 자재를 사용한 건설은 지구에 이로울 뿐 아니라 건축물을 더욱 흥미롭게 만든다.' 순환적 건축물만 설계하는 Cie.의 건축가 한스 하밍크는 이렇게 말한다. '지난 수십 년 간 지구에 가한 행위의 결과가 점차 수면 위로 모습을 드러내고 있다. 우리는 건축가로서 이 문제에 책임을 가져야 한다!' 그의 첫번째 건축물은 많은 부분 순환성을 고려하여 설계되었고, 그 다음 순환 프로젝트를 완공하기까지 약 30년의 시간이 걸렸다. '다행히 요즘 입찰과정에서는 지속가능성과 순환성에 대한 비전을 요구한다. 아주 좋은 신호라고 본다.'

메렐 피트(Merel Pit)

'Constructing with circular materials is not only good for the planet, but also helps to make the architecture more interesting.' If it were down to Hans Hammink, architect and associate at de Architekten Cie., he would only design circular buildings. 'The consequences of how we have treated our planet for decades are starting to become tangible. As architects, we need to take responsibility for this.' His first building was largely circular. It took nearly 30 years before he was commissioned to complete his second circular project. 'Thankfully, tenders today require a vision of sustainability and circularity. That's a very good sign.'

Merel Pit

순환 건축 Lessons in Circularity

순환성이란 당신에게 어떤 의미인가?

순환성이라는 용어를 처음 만든 앨런 맥아더 재단(Ellen MacArthur Foundation)의 정의를 따르는 편이다. 간략히 말하면, 순환성은 에너지 소비와 이산화탄소 배출량을 제한하고 화석 연료와 유독 물질을 사용하지 않으면서 희소한 자원 사용에 주의하는 것이다. 자원이 희소하기 때문에 결과적으로 새로운 비즈니스 사례가 나타난다. 그러나 이는 새로운 것이 아니라 자재와 원자재의 희소성에 대한 인식으로 보완된, 기존의 아이디어와 개념들의 집합이다. 순환성의 목표는 자재와 에너지의 원천, 현재 상황과 환경을 보호하는 것이다.
(22p 모델 참고)

순환 건축이 당신에게 중요한 이유는 무엇인가?

우리가 아무것도 하지 않는다면 상황은 더욱 위태로워질 것이다. 자연재해는 더 자주 발생하고, 잇따르는 결핍으로 번영은 자취를 감추게 될 것이다. 그 비극의 전조로 우리는 이미 극심한 가뭄에 시달리고 있다. 또한 여름은 더욱 뜨거워지고 있으며, 동식물은 멸종하고 있다. 그래서 지구에 보탬이 되는 옳은 일을 하고 싶다. 아주 어렸을 때부터 인간이라면 마땅히 환경에 책임을 져야 한다고 생각해 왔다. 순환 건축은 건축가라면 마땅히 해야 할 일이다. 지나치게 개발하지 않고, 가용 자재와 원자재를 경제적으로 사용해야 한다. 순환성을 고려해 설계하는 것은 걸림돌이 아니라 오히려 더 아름다운 건축물을 만드는 촉매제로 작용한다. 예를 들어, 재사용 자재는 새로운 아름다움을 만들어낼 수 있다.

암스테르담 ABN AMRO 은행 본사 옆에 위치한 파빌리온 '서클(Circl)'이 당신이 Cie.에서 설계한 최초의 순환 건축물인가?

그렇다. '서클(Circl)'은 Cie.에서 설계한 첫 번째 순환 건축물이다. 클라이언트였던 ABN AMRO 은행은 최대한 지속 가능한 건축물을 원했지만, 어떻게 해야 할지 몰랐다. 우리는 초기 설계를 마친 뒤 기존의 디자인보다 훨씬 더 지속 가능한 방식을 찾아보기로 했고, 우선 목재와 재사용 자재를 사용해서 어떻게 더 개선할 수 있는지 살펴보았다. 하지만 그때가 처음은 아니었다. 당시엔 순환 건축이라고 부르지는 않았지만 이미 순환 건축에 대한 경험을 가지고 있었다. 델프트 공과대학교(Delft University of Technology) 재학 시절, Ongewoon Wonen(Novel Homes, 특이한 주택) 대회에서 우승하여, 알미르 (Almere) 지역에 집을 지어볼 수 있었다. 이 목조 주택은 가능한 많은 재사용 자재로 지어졌으며, 조립과 분해가 가능했고, 친환경 바이오 페인트로 마감되었으며, 단열이 잘 되고, 유지와 보수가 쉬웠다. 원래는 5년 정도 뒤에 철거될 예정이었지만, 결국 30년 이상 그 자리를 지켰다. 나에겐 매우 합리적인 건축 방식이었지만, 그런 방식으로 설계 의뢰를 받기까지는 거의 30년이 걸렸다.

What does circularity mean for you?
I like the original definition from the creators of the term circularity – the Ellen MacArthur Foundation. In a nutshell: limit your energy consumption, don't use sources of fossil fuels, limit your CO_2 footprint, don't use toxic materials, and be cautious with scarce materials. Subsequently, new business cases arise due to a scarcity of materials. This is nothing new, but a collection of existing ideas and concepts, supplemented by a realization of the scarcity of materials and raw materials. The aim of circularity is to protect sources of materials, energy, the existing situation, and the environment.
See model on page 22

Why is circularity so important to you?
If we don't do anything at all, the situation will only become more critical. There will be more natural disasters, scarcity will worsen, and prosperity will suffer. We'll be dealing with extreme drought, summers will become hotter, flora and fauna will die out. I want to do the right thing, to be of added value to the planet. That idea has been with me since I was very young. I was raised with the idea that as people, we need to be responsible for our environment. Circular construction is one way for architects to do the right thing. You don't over-exploit, but are economical with the materials and raw materials that are available. I've also discovered that designing to circular principles is not an impediment, but encourages you to create even more beautiful buildings. Using used materials, for example, produces a new aesthetic.

Was Pavilion Circl next to ABN AMRO's headquarters in Amsterdam the first circular building that you designed for de Architekten Cie.?
Yes, Circl was the first time that I had been involved with circular construction for a client of de Architekten Cie. ABN AMRO wanted as sustainable a building as possible, but they didn't know how to go about it. After the first design, we decided it needed to be even more sustainable, so we looked at what we could do with wood and reused materials. However, it wasn't the first time I had designed a circular building, although it wasn't called circular design back then. During my studies at TU Delft, I was one of the winners of a competition

알루미늄, 크롬, 바나듐, 구리, 아연, 주석, 납이 건설에 많이 사용된다. 가까운 미래에 이러한 자원은 고갈될 것이고, 이 원자재는 오직 재사용을 통해서만 이용할 수 있을 것이다.

Aluminium, chrome, vanadium, copper, zinc, tin and lead are heavily used in construction. Within the foreseeable future these resources will be exhausted and these raw materials will only be available by reuse.

필연성 Necessity

건설 산업 전체가 순환적인 방식으로 전환한다면 어떤 결과를 얻을 수 있는가?
그 결과는 엄청날 것이다. 건설 산업은 주요 소비자이자 거대한 환경 오염원으로, 생산되는 자재의 40%가 건설 과정에 쓰이고, 동시에 전체 폐기물의 40%를 배출한다. 업계에서는 눈 감아서는 안 될 거대한 과제를 맞닥뜨리고 있는 셈이다. 이런 상황에서 건설 산업 전체가 순환 경제로 전환한다면, 지구 공동체에 매우 긍정적인 영향을 미칠 것이다. 원자재 고갈 문제에 대응해, 이전에 사용하고 남은 자재 혹은 이미 사용했던 자재들을 재사용한다면 건설업에서 발생하는 폐기물량을 영점에 가깝게 줄일 수 있다. 이러한 방식으로 자재의 수명을 연장하고, 원자재 사용량과 폐기물 배출량을 줄이는 것이 우리의 도전 과제다.

네덜란드에서 건물을 짓는 경우, 2012년 건축법이 적용된다. 순환 경제를 위해서는 완전히 다른 접근 방식이 필요해 보인다.
정확하다. 현행 건축법보다 훨씬 더 나아가야 한다. 제도적 변화가 1~2년 안에 이뤄지지는 않겠지만, 궁극적으로는 건축법 개정이 불가피하다. 변화가 필요한 것은 건축

called Ongewoon Wonen (Novel Homes) and had the opportunity to build a house on a plot of land in Almere. The wooden house was constructed from as much reused material as possible, could be dismantled, was painted with bio-based paint, was well insulated, and easy to maintain. The idea was for the house to be temporary, five years or so, but in the end it stayed there for more than 30 years. To me, it was a completely logical way of constructing a building. It took nearly 30 years for me to be commissioned to design another building in that way.

What would be the result if the entire construction industry became circular?
Huge. The construction industry is a major consumer and a huge polluter. 40 per cent of all materials are used in construction, and at the same time, the industry produces 40 per cent of all waste. As an industry, we have a massive challenge ahead of us – we mustn't

순환 건축 Lessons in Circularity

암스테르담 ABN AMRO 본사 옆에
위치한 파빌리온 '서클(Circl)'의 내부

순환경제로 향하는 여정에서 중요한 이정표

로마 클럽 보고서: 성장의 한계	1972
유엔 리우 회의	1992
레이어로 이루어진 빌딩 모델(Brand, Duffy)	1994
유엔 교토 의정서	1997
≪Cradle to Cradle≫ 출판(McDonough, Braungart)	2002
순환 경제 보고서(Ellen MacArthur)	2012
유엔 파리 기후 협정	2015
서클(Circl)을 포함한 최초의 순환 건물들	2017
네덜란드 기후 협정	2019

Interior pavilion Circl next to the ABN AMRO head office, Amsterdam

Important milestones on the journey to a circular economy

1972	Club of Rome report: Limits to growth
1992	UN Rio Conference
1994	Layered Building Model (Brand, Duffy)
1997	UN Kyoto Protocol
2002	Publication of Cradle to Cradle (McDonough, Braungart)
2012	Circular Economy report (Ellen MacArthur)
2015	UN Paris Climate Accord
2017	First circular buildings, including Circl
2019	Netherlands Climate Accord

개인 주택, 한스 하밍크, 드 래알리테이트, 알미르, 네덜란드
고성능 단열재, 바이오 기반 자재, 재사용 건축 부품을 이용해 만든
분해 가능한 순환 목조 주택, 1987
Private house Hans Hammink, De Realiteit, Almere
High performance insulation, bio based materials,
used building parts, dismantlable: circularity in 1987

설계만이 아니다. 시공업체는 다른 방식으로 시공해야
하며, 공급업체는 다른 제품을 공급해야 한다. 클라이언트
또한 지금과는 다른 역할을 맡아야 한다. 이것은 시작에
불과하며, 현재는 순환 경제를 실험하는 단계 혹은 이러한
아이디어를 규모가 작은 프로젝트에 적용하는 단계에
있을 뿐이다. 프로젝트가 최종적으로 구현되기 위해서는
그 실현 가능성을 수없이 입증해야 하며, 이런 과정에는 더
큰 비용이 든다. 서클(Circl) 또한 일반적인 프로젝트보다
훨씬 더 많은 건설 비용이 들었다. 재사용 자재를 이용한
건설에는 더 많은 노동 시간이 들어가고, 이는 결국 비용과
직결되기 때문이다. 준비 단계와 엔지니어링 단계에서도
더 오랜 시간이 들었다. 자재와 제품의 재사용이
보편화되어야 기업과 정부가 재사용에 익숙해지고,
물류와 생산라인, 인증 부문에 더 많은 투자가 이루어질 수
있을 것이다.

거대한 제도적 변화가 필요하다고 해서 '작게 시작하는 것'
을 멈춰서는 안 된다. 작은 걸음으로도 우리가 원하는 곳에
도달할 수 있음을 기억하자. Cie.는 표준 예산을 벗어나지
않으면서도, 순환 경제의 아이디어를 최대한 적용한 공공
자전거 주차시설을 설계 중이다. 네덜란드 아인트호벤에
위치한 이 시설은 재사용 자재를 많이 사용했지만, 추가
비용이 크게 발생하지 않았다.

건축업계가 할 수 있는 첫 번째 단계는 무엇인가?
새로운 해결책을 받아들일 준비를 해야 한다. 우선
좋은 아이디어를 내는 것이 중요하고, 그다음에는
아이디어를 실현하기 위해 모든 관계자가 협력해야
한다. 마지막으로는 법 개정이 이에 부응해야 한다. 예를
들어, 건물 외벽을 재사용하는 경우, 관련 사항들이 모든
법적 요구를 충족하는지 확인하고, 보장해 줄 수 있는
사람을 찾기는 매우 어렵다. 아인트호벤에 설계 중인
자전거 주차시설의 경우에도 새로운 자재 대신 오래된
철도 레일을 재사용하는 것을 허가 받기 위해서 여러
단계를 거쳐야 했다. 먼저 클라이언트의 승인이 필요했고,
레일 구입이 가능한지 살펴본 뒤, 시공사가 그 자재로
기꺼이 작업해 줄 의향이 있는지 확인해야 했다. 자재를
재활용하는 것은 아직도 매우 드물고, 어려운 일이지만
끈기와 인내를 통해 결국 해낼 수 있었다.

close our eyes to it. If the construction industry were to shift to a circular economy, it would have a hugely positive impact. Raw materials are running out. By closing cycles and reusing leftovers or used materials, there would be almost no waste. That way, you can extend the lives of materials, you'll need fewer raw materials, and generate much less waste. It's a challenge we have to tackle.

If you're constructing a building in the Netherlands, the Buildings Decree 2012 prevails. For a circular economy, we need a completely different approach.
That's right. We need to go much farther than the current Buildings Decree – we need a system change. We won't have that in just a year or two. It will need the Buildings Decree to be amended. Plus, it won't just be architects who need to design differently – contractors will need to construct differently, suppliers will need to supply different products, and clients will have to take on a different role. We're only at the beginning, in a phase of experimentation and small-scale projects. Real projects must prove that it is feasible – and these projects come at a premium. Circl cost more than a normal building. If you want to use used materials in a building, it means additional labour hours, which can sometimes make it more costly. The preparatory and engineering phases were longer than normal. Only when reuse of materials and products becomes more commonplace will businesses and governments become more familiar with it and will there be more investment in logistics, production lines, and certificates.

The realization that major system change is needed should not stop you from 'starting small', as small steps will get you where you want to be too. We're currently working on a circular bicycle parking facility in Eindhoven. It is being constructed within a standard budget, even though we're using a lot of used materials.

What is the first thing that the construction industry can do?
Be open to new solutions. To begin with, it's important for someone to come forward with a good idea, then you need everyone involved to want to cooperate, and ultimately, the legislation needs to respond to it. For example,

순환경제로의 전환을 촉진하기 위해 건축가로서 어떤 역할을 수행할 수 있는가?
건축가는 결국 서비스를 제공하는 역할이기 때문에 프로젝트 내에서 모든 통제권을 가지고 있지 않지만, 클라이언트에게 질문을 던지고, 어떤 다른 선택지들이 있는지 알려줄 수 있다. 클라이언트에게 영감을 주는 촉매제 역할을 하며, 그들이 공감하고 지지하며 도전하고 싶어 할 만한 이야기를 들려줄 수 있다. 예를 들어, 클라이언트가 건물의 장기 소유자일 때는 순환 건물의 지속가능성이 투자금 회수 기간을 보장해 줄 수 있는 점과 같이 그들이 재정적으로 관심을 가질 만한 부분들에 대해 설명할 수 있다.

순환 건축은 미학적으로도 새로운 접근을 요구하는 것 같다. 이에 대해 어떻게 생각하는가? 순환적 건축은 아름다운 건축물로 이어질 수 있는가?
물론이다. 재사용 재료로 훌륭한 건축물을 만들 수 없다면, 건축가로서 무엇을 하는 것인가? 이것이 출발점이 되어 줄 것이다. 순환적 자재로 건축하는 것은 차선책이 아니라 건축물을 더욱 흥미롭게 만들어 주는 하나의 요소이다. 지속가능성을 위한 노력은 때로 제약이 될 수 있지만 관련 업체들 간의 협력으로 굉장히 매력적인 결과물을 만들어 낼 수도 있다. 그 예로는 서클(Circl)이 있고, 조만간 완공될 아인트호벤의 자전거 주차시설 또한 그렇다. 재사용된 철도 객차의 창문은 사람들의 눈길을 사로잡으며 건물의 개성과 정체성을 부여한다. 순환 건축의 진실 중 하나는 항상 재사용 자재를 찾아 나서야 한다는 것이고, 또 다른 사실은 그 과정에서 무엇을 찾게 될지 모른다는 것이다. 덕분에 최종 이미지를 미리 상상하기는 어렵지만, 품질을 추구한다면 원하는 바를 반드시 찾을 수 있을 것이다.

if you want to reuse a façade, it can be very difficult to find someone who can guarantee that the façade satisfies all requirements. In the bicycle parking facility, I wanted to use some old railway rails increased of a new tube profile. The client needed to approve it first, I needed to be able to buy the rails, and then the contractor needed to be willing to work with them. Reusing materials is still difficult. But persistence wins out, so it turned out well in the end!

What role can you, as an architect, fulfil to help promote the shift to a circular economy?
As an architect, you're a service provider, which means you don't necessarily have everything in your control, but you do have the power to quiz the client and make them aware of the options. Your role is that of a catalyst, stimulating and enthusing your client. You can tell them a story that they identify with, that they support, and want to challenge. In that case, it can be useful if the client is and will remain the owner of the building as well as the long-term perspective of a circular building will then be financially more interesting, as there will be more time to earn the investment back.

Circular construction brings with it a new aesthetic. What do you think about that? Will circular construction result in beautiful buildings?
Of course. If you can't create great architecture from reused materials, what are you doing as an architect? That's your point of departure. Constructing with circular materials is not second best, but helps to make the architecture more interesting. Sustainability ambitions are sometimes seen as inhibiting, but thanks to a collaborative approach amongst parties, the end result can be very attractive. Look at Circl, or at the bicycle parking facility in Eindhoven, which will be completed soon. The reused railway carriage windows are real eye-catchers and give the building character and identity. What is true about circular construction is that you're going after used materials and you don't know what you're going to find. That makes it hard to form a final image beforehand, but if you're looking for quality, you'll find it.

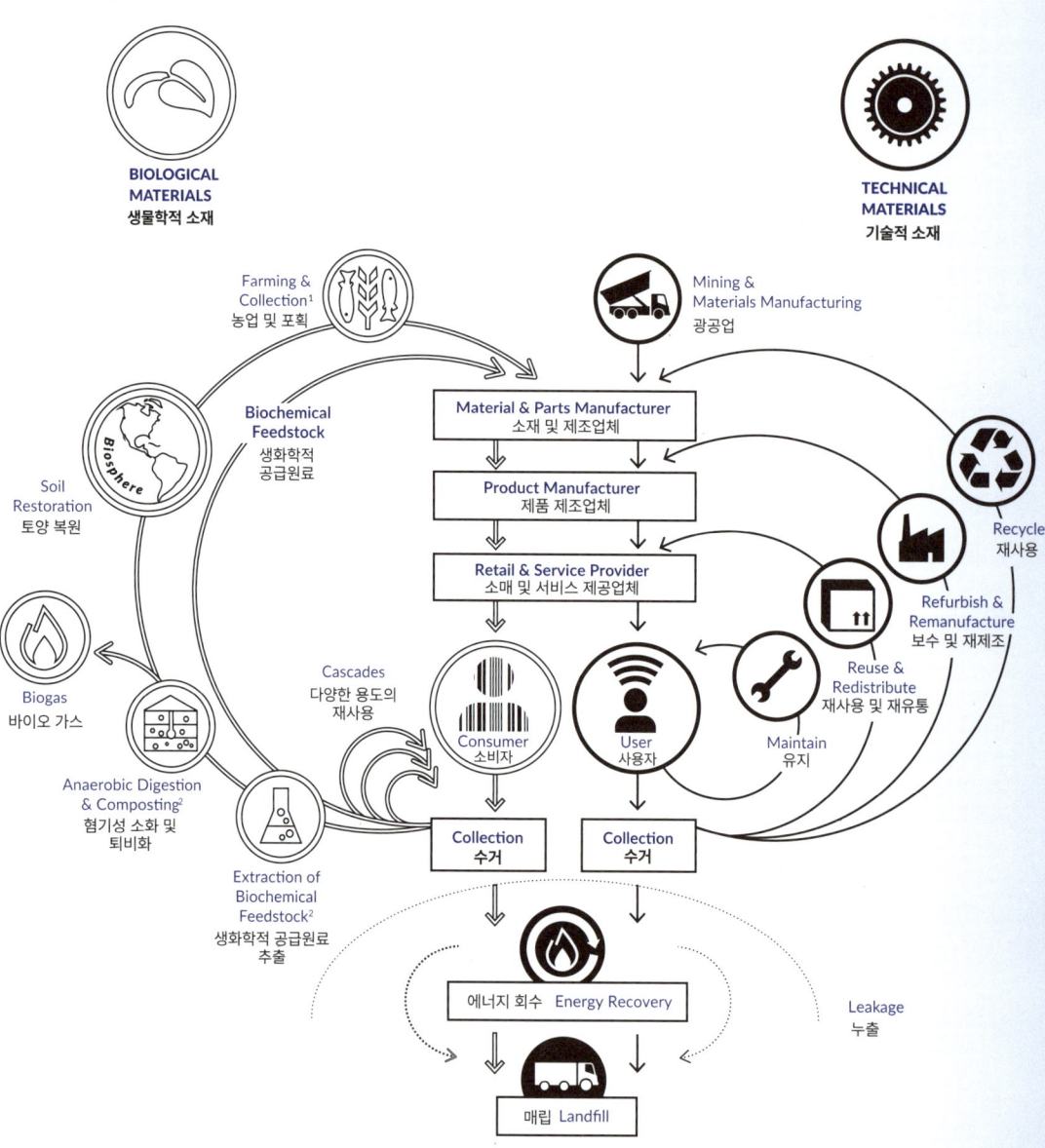

1 사냥과 낚시
2 수확 후 폐기물과 소비 후 폐기물을 모두 투입물로 사용할 수 있음

1 Hunting and fishing
2 Can take both post-harvest and post-consumer waste as an input

생물학적 순환과 기술적 순환

순환 경제에서 순환은 소재에 따라 바이오 사이클(생물학적 순환)과 테크노 사이클(기술적 순환)로 구분된다. 목재와 식료품, 물과 같은 유기 소재는 생물학적 과정을 통해 생태계로 흡수되고, 재생될 수 있다. 그러나 화석 연료와 플라스틱, 금속과 같은 기술적 소재는 가용이 제한적이며 쉽게 재생할 수 없다. 이 두 가지 순환은 각기 다른 재사용 과정을 거친다. 기술적 순환에서는 재고가 적절히 관리되어야 하고, 생물학적 순환에서는 생태계가 제대로 기능하는 것이 중요하다. 결과적으로, 이 두 가지 순환은 명확하게 분리되는 것이 필수적이다.

엘렌 맥아더 재단(Ellen MacArthur Foundation)의 나비 모양 다이어그램은 이러한 순환 경제를 명확하게 묘사하고 있다.

출처: https://kenniskaarten.hetgroenebrein.nl/kenniskaart-circulaire-economie/circulation- materialen-circulaire-economie/ (참고일: 2020년 6월 10일)

THE BIO CYCLE AND THE TECHNO CYCLE

Within a circular economy, a distinction is drawn between two different material cycles: the bio cycle and the techno cycle. Organic materials such as wood, foodstuffs, and water can be absorbed into the ecosystem through biological processes and regenerated. Technical materials such as fossil fuels, plastics, and metals have limited availability and cannot easily be re-created. The two streams have different reuse processes. In the techno cycle, it is essential that stocks are properly managed and in the bio cycle, it is essential that the ecosystem can function properly. Consequently, it is important that they are clearly separated.

The butterfly diagram from the Ellen MacArthur Foundations is a clear depiction of the circular economy.

Source: https://kenniskaarten.hetgroenebrein.nl/kenniskaart-circulaire-economie/circulation-materialen-circulaire-economie/ (consulted on June 10, 2020)

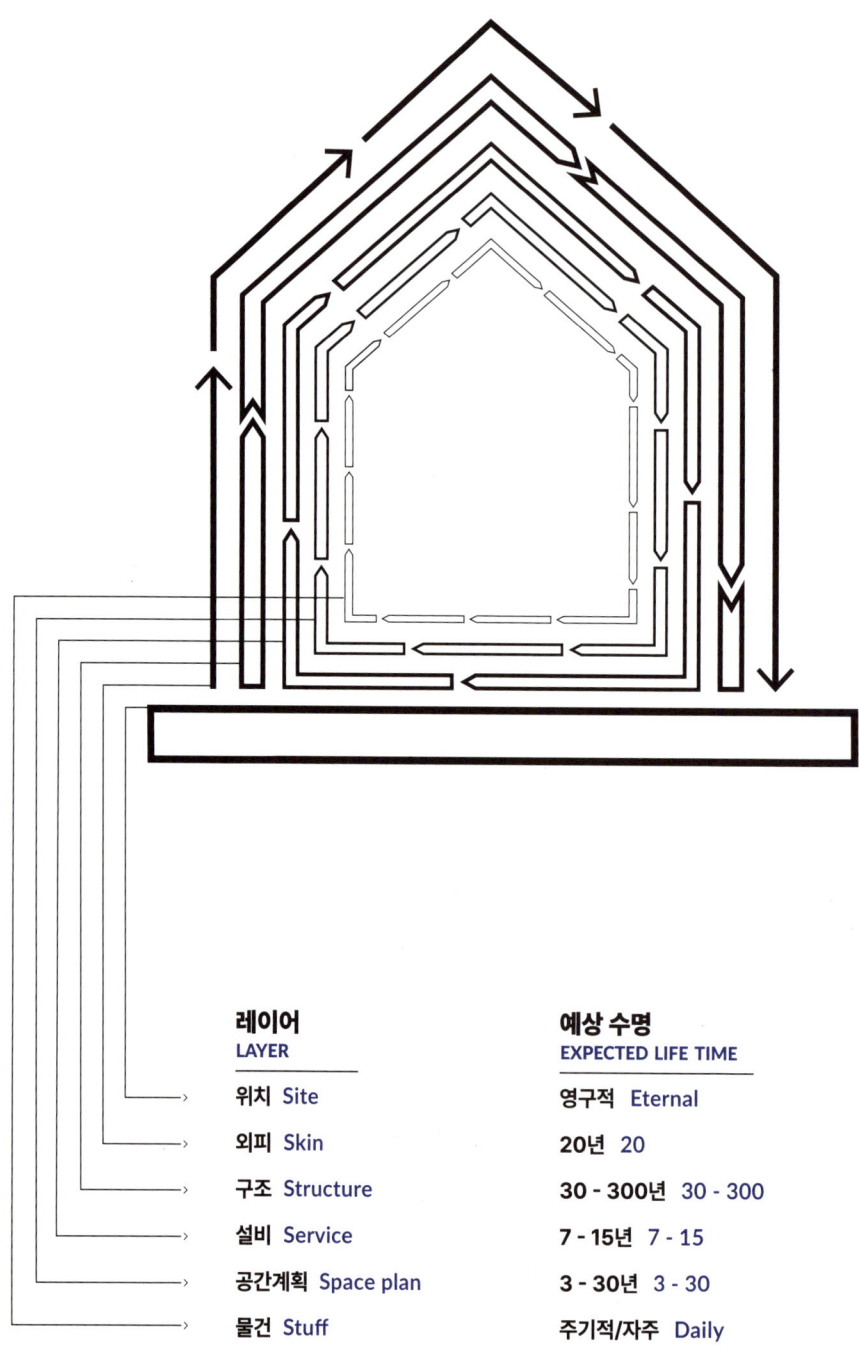

레이어 LAYER	예상 수명 EXPECTED LIFE TIME
위치 Site	영구적 Eternal
외피 Skin	20년 20
구조 Structure	30 - 300년 30 - 300
설비 Service	7 - 15년 7 - 15
공간계획 Space plan	3 - 30년 3 - 30
물건 Stuff	주기적/자주 Daily

수명이 다른 레이어들

영국의 건축가 프랑크 듀피(Frank Duffy)의 레이어드 빌딩 모델(Layered Building Model)은 건물이 수명이 서로 다른 여러 개의 레이어로 구성되어 있다고 가정한다. 각 층의 요소들은 서로 다른 주기로 진화하며, 4개로 구분되었던 층들은 이후 스튜어트 브랜드(Stewart Brand)의 저서 ≪건물의 학습 방법: 건물이 지어진 후 일어나는 일(How Buildings Learn: What Happens After They're Built)≫(1994)에서 6개의 레이어로 확장된다.

1. 위치 - 지리적 위치 또는 장소는 수 세기 동안 변하지 않고 그 자리에 남는다.
2. 구조 - 기초 및 토대, 골조 등의 구조는 30년에서 300년가량 유지된다.
3. 외피 - 건물의 외관은 기술적 혁신 및 최신 유행을 따라 20년 주기로 변경된다.
4. 설비 - 전선, 위생시설, 승강기, 에어컨 등의 설비는 7년에서 15년 주기로 교체돼야 한다.
5. 배치 - 내벽, 천장, 바닥, 문 등 평면도상의 배치 요소들은 평균 3년에서 30년 정도 유지된다.
6. 인테리어 - 의자, 책상, 전화기, 부엌 용품, 조명 등의 내부 가구들은 주기적으로 더 자주 교체된다.

LAYERS WITH A DIFFERENT SERVICE LIFE

The Layered Building Model by architect Frank Duffy assumes that buildings comprise layers, each with a different service life. Each layer consists of elements that evolve on different timescales. He distinguishes four different layers, which were later expanded by Steward Brand into six layers in the book 'How Buildings Learn: What Happens After They're Built' (1994):

1. The geographical position, the location that remains the same for centuries
2. The structure of the building, comprising the foundation and bearing structure, that lasts for 30 to 300 years
3. The skin, comprising the façade that changes every 20 years thanks to technological innovation or to keep pace with current fashion
4. The facilities, such as cables, sanitary facilities, lifts, air-conditioning, which need to be replaced every seven to fifteen years
5. The layout, with dividing walls, suspended ceilings, floors and doors that last for around three to 30 years on average
6. The interior with furniture (chairs, desks, telephones, kitchen equipment, lights, etc.) that need to be replaced every few months, weeks, or even more frequently

de Architekten Cie.

사례 A
Business Case
서클 Circl
클라이언트: ABN AMRO
Client: ABN AMRO

… de Architekten Cie.

기존 방식에서
순환으로의
단시간 전환

암스테르담 구스타브 마흘러플레인(Gustav Mahlerplein)거리에 위치한 서클(Circl)은 ABN AMRO 은행의 파빌리온으로 네덜란드 내 지속가능한 순환 디자인의 첫 번째 사례다. 자우다스(Zuidas)[2] 구역 내 위치한 이 파빌리온은 2017년 건설 당시 순환적 차원에서 무엇이 가능했는지 보여준다.

처음에는 ABN AMRO 은행을 위해 순환적 설계를 할 의도는 없었다. 처음 디자인은 회의실이 있는 평범한 형태의 파빌리온이었다. 그러나 설계 마지막 단계에서 클라이언트이자 시공사인 밤(BAM)은 계획이 충분히 도전적이지 않다고 판단했다. 시공사는 일반 이용자들의 눈에 더욱 매력적인 건물을 만들고자 했고, ABN AMRO 은행은 추구하는 지속 가능한 세상에 대한 비전을 건축물로 더욱 확실하게 전달하려 했다.

2 자우다스(Zuidas):
네덜란드 암스테르담에서 빠르게 발전하고 있는 상업 지구

From conventional to circular in record time

With the Circl pavilion on Gustav Mahlerplein, client ABN AMRO has completed the first practical example
of sustainable and circular design in
the Netherlands. The pavilion, in the Zuidas[2] district, is – in design and use –
an example of what was possible in terms of circularity back in 2017.

Initially, there was no intention of creating a circular building for ABN AMRO – the design was a conventional design, with conventional construction, of a sustainable pavilion with meeting rooms. However, at the eleventh hour of the design process, the client and constructor, BAM, decided that the plan was not ambitious enough. The building needed to appeal to other target groups and to better convey ABN AMRO's aspirations towards a sustainable world.

사례 A Circl pavilion

2 Zuidas is a rapidly developing business distric in the city of Amsterdam in the Netherlands (Zuidas - Wikipedia, 2008)

서클 내부
Circl, Interior

Cie.는 폐기물을 최소화하고 자재를 재사용하는 가능성을 고려하여 설계를 재검토했다. 결과적으로 기존과는 다른 자재를 사용할 수 있도록 설계를 신속하게 수정해야 했다. 당시 바로 재사용할 수 있었던 자재들도 있었지만 추후 수확[3]이 필요한 자재들도 있었다. 예를 들어, 16,000벌의 중고 청바지는 은행 직원과 협력업체로부터 수집되어 천장 단열재를 만드는 데 쓰였다.

그럼에도 불구하고, 건물의 일부는 자재를 재사용하여 구현하는 것이 어려웠기 때문에, 일부 자재나 기능은 가능한 한 임대하여 사용하는 방식으로 공사가 진행되었다. 예를 들어, 엘리베이터를 구매하는 대신 제조업체를 통해 '이동'에 대한 서비스를 구매한 뒤 ABN AMRO 은행이 승강기가 움직이는 횟수만큼 비용을 지불하는 식이다. 고장이나 부품 교체 횟수가 적을수록 공급업체의 수익률도 높아지기 때문에 이러한 형태의 구매는 생산자들 사이에서 지속 가능한 사고와 행동을 촉진한다. 이러한 임대 공사 방식을 통해 엘리베이터는 10년 후 제조사에 반납되고 부품이 재사용될 수 있다.

비즈니스 사례

서클(Circl)은 지속 가능한 세상을 향한 ABN AMRO 은행의 열망을 표현한다. 이 건물은 매력적인 디자인으로 많은 사람을 레스토랑과 옥상 정원, 회의실 안으로 끌어들인다. 덕분에 서클(Circl)은 예상보다 훨씬 더 효율적으로 운영되며, 건물 내 요소들이 재사용하기가 쉽기 때문에 잔존 가치가 높게 책정된다. 서클(Circl)의 인기는 Cie.와 은행 모두에게 긍정적인 파급 효과를 주었다. 이처럼 건축적으로 훌륭한 순환적 설계는 은행이 지속가능성과 순환성에 대해 고객들과 더욱 더 건설적인 대화를 이어가는 데 최적의 환경을 만들어주었다.

사례 A Circl pavilion

3 수확: 오래된 열차의 창문, 입는 않는 청바지 등 중고 자재에 대한 재사용 및 재활용 가능성을 살펴보고 거두어들이는 행위 또는 작업

de Architekten Cie. reviewed the design with the aim of minimizing waste and looking at the options for reusing existing materials. Consequently, the design needed to be modified quickly to allow different materials to be used – materials that were available at the time, or even materials that still needed to be harvested[3]. As an example, 16,000 pairs of jeans were collected from the bank's employees and partners to be used as insulation for the ceilings.

Still, some of the building's components could not be completed by reusing existing materials. Wherever possible, lease construction was used – no lifts were purchased, for example, and 'movement' was bought from a producer instead. The bank now pays for each lift movement. This form of purchasing incentivizes producers to think and act sustainably, as the fewer faults or part replacements, the greater the yield for the supplier. With lease construction, the lifts will be returned to the manufacturer after ten years so that the parts can be reused.

Business Case

Circl shapes ABN AMRO's ambitions towards a sustainable world. The design also appeals to a wide group of people – it attracts people to the restaurant, to the roof terrace, and the meeting rooms. Consequently, its operation is more cost-effective than had been foreseen. Finally, the residual value of the building is higher as the building's elements can be reused more easily. The popularity has also resulted in a number of spin-offs for de Architekten Cie. The architecturally high-quality circular design has produced the optimal environment for the client to enter into discussion with potential and current clients about sustainability and circularity.

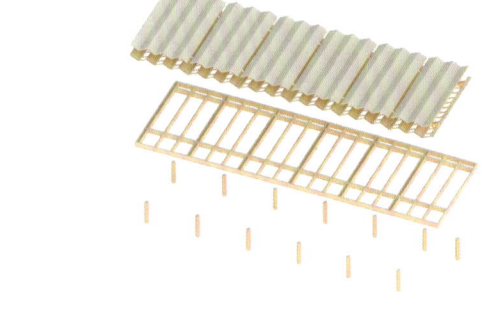

목재 지붕 구조
Timber Roof Structure

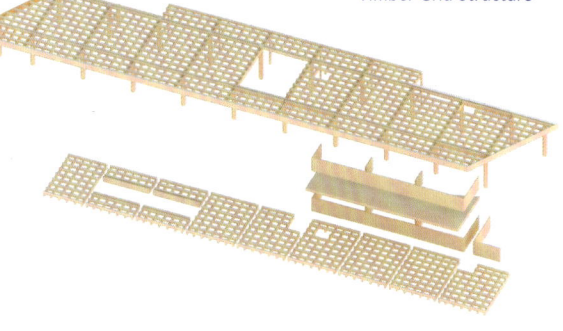

목재 그리드 구조
Timber Grid Structure

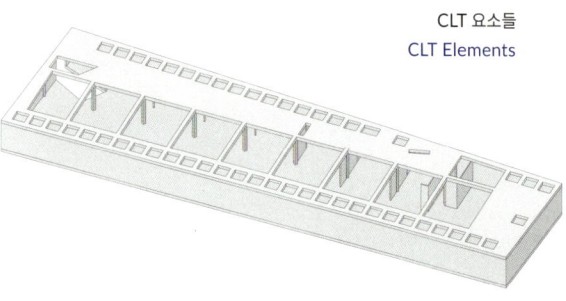

CLT 요소들
CLT Elements

콘크리트 지하
Concrete Basement

3 The process of collecting and recovering used materials for possible reuse and recycling, such as old train windows and second-hand jeans.

단면도
Section

공사가 진행 중인 내부
During Construction

사례 A Circl pavilion

순환 건축 Lessons in Circularity

de Architekten Cie.

2.

순환적 설계를 위한
10 가지 팁

Ten tips for a
circular design

de Architekten Cie.

순환적 설계는 발견되는 자재에 따라 예상했던 것보다 더 멋진 건축물로 이어질 수 있다.

Circular design can lead to an architecture that, thanks to the found objects, is better than I'd anticipated

건축가 한스 하밍크는 건축가가 이론과 실무에 대한 지식과 조성과 미학에 대한 감각을 바탕으로 설계를 진행해야 한다고 말한다. 이러한 원칙은 순환적 건물을 설계할 때도 크게 다르지 않지만, 순환 설계에 대한 이론과 기술적 지식은 아직까지 발전 단계에 있다. 이로 인해, 순환 설계는 예측하기 어려운 미학적인 측면을 갖지만, 그렇다고 해서 품질이 저하된다는 의미는 아니다. Cie.의 순환 설계 전문가 한스 하밍크가 순환 건축의 여정에 도움이 될 만한 10가지 팁을 소개한다.

메렐 피트 (Merel Pit)

According to architect Hans Hammink, an architect bases a design on theoretical and practical knowledge and on a feel for composition and aesthetics. And it's no different when you're working on a circular building, were it not for the fact that the theoretical and technical knowledge of circular design is still being developed. In addition, it also leads to different aesthetics that can be difficult to predict beforehand – although that does not mean that the quality will be inferior. Hans Hammink offers ten tips that can help you on your journey towards creating a circular building.

설계 Design

Merel Pit

de Architekten Cie.

Cie. 소속의 안드레아 마토탄(Andrija Matotan)과 한스 하밍크가 아인트호벤의 자전거 주차 시설에 '수확'할 열차 창문을 살펴보고 있다.
Andrija Matotan and Hans Hammink, de Architekten Cie. inspect harvesting of a train window, to be used in the Bicycle parking facility, Eindhoven

 tip 1

자재와 제품의
적재적소 파악하기

순환 건축 자재를 찾는 방법은 두 가지다. 첫번째는 희소해지고 있는 자재 사용을 최소화하기 위해 중고 자재를 찾는 것이다. 그러나 아직 중고 자재에 대한 중앙집권화된 시장이 없기 때문에, 이를 대신할 수 있는 공급업체를 찾아야 하는데 우리가 찾은 뉴 호라이즌(New Horizon)과 인서트(Insert)가 좋은 예시이다. 이러한 건설용 재사용 업체들은 철거 업체와 밀접한 관계를 유지하면서, 사용할 수 있는 모든 자재에 대한 세부 정보들을 플랫폼에 게시해 사람들과 공유한다. 네덜란드의 일부 선도적인 철거 업체들도 이런 방식을 접목해 철거 시 망치 대신 스크루드라이버를 사용하는 등, 건물에서 수확한 자재와 제품을 활용하는 비즈니스 사례로 전환하기 위해서 노력하고 있다.
좀 더 아날로그적인 방법으로는 직접 연구 조사를 진행하고, 클라이언트와 시공사에게 질문을 하는 것이 있다. 실제로 Cie.는 이런 방식으로 클라이언트였던 NS(네덜란드 철도회사)가 중고 기차 창문 수천 개를 재고로 가지고 있다는 사실을 알게 되었고, 덕분에 우리의 프로젝트 중 아인트호벤의 자전거 주차 시설에 사용할 창문을 충분히 구매할 수 있었다.

# tip 1

Know what materials, including reusable materials, and products are available, and where

When you start looking for materials for a circular building, you will follow two different paths. Along the first path, you will be looking for used materials to help limit your use of increasingly scarce new materials. This is easier said than done, as there is no centralized marketplace for used materials – instead, you need to identify new sources, including businesses such as New Horizon and Insert, who maintain close contact with demolition firms and upload details of available materials to platforms so that others can find them. Some demolition firms in the Netherlands are already considering how they can make a business case for the materials and products that they harvest from buildings. This means that they have stopped demolition by hammer, and are using screwdrivers instead. In addition, it also helps if you do your own research and ask questions of the client and contractor. For example, I discovered that client NS (Dutch Railways) had thousands of train carriage windows available. We were able to purchase a quantity of those windows for the bicycle parking facility that we are currently working on in Eindhoven.

However, it is almost impossible to use solely reused products and materials in a building design. You cannot avoid buying new products as well. On this second path, it is important that you are familiar with the origin of materials. Hardwood from Brazil may very well be reusable, but it costs a lot in energy terms to get it here. As such, it's not a suitable circular material. You need to look at availability locally.

서클 내부: 콘크리트 사용을 피할 수 없었던 부분
Circl: here, we could not avoid the use of concrete...

 tip 2
작은 단계로 생각하기

100% 순환적인 건물은 존재하지 않는다. 공급업계가 아직은 모든 제품을 순환 제품으로 공급할 수 없기 때문이다. 따라서 완전한 순환 건물을 건설하려고 노력하기보다는 건물 내에서 개별적으로 순환 방식을 적용하는 것이 합리적이다. 이러한 단계는 사소해 보일 수 있지만 올바른 방향으로 나아가는 하나의 중요한 과정이다. 순환적 설계와 시공은 여전히 실험과 개척 단계에 있고, 이는 어느 정도의 불완전성과 실패를 수반한다. 따라서, 하이브리드(Hybrid) 접근도 방법이 될 수 있으며, 이러한 접근을 통해서 우리는 목표에 조금 더 가까워진다.

 tip 2

Think in small steps

A 100% circular building does not exist. The supply industry is not yet able to supply a circular version of every single product. Instead of striving to construct a fully circular building, it makes more sense to find satisfaction in each individual circular application in your building. Every step, however small, is a step in the right direction, which makes it welcome. Circular design and construction are still in the testing and pioneering phase, which involves a degree of imperfection and failure. Hybrid solutions are fine – with each step, we move a little closer to the goal.

설계 Design

목재 지지 구조, 갈릴레오 종합자료센터, 노드와이크, 네덜란드
Timber support structure, Galileo, Noordwijk

de Architekten Cie.

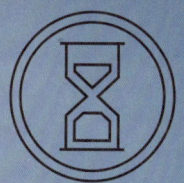

tip 3

설계 Design

순환 건축 Lessons in Circularity

 # tip 3
순환 제품의 예상 수명 파악하기

자재나 제품의 수명이 짧을수록 쉽게 분해하거나 철거될 수 있는지가 중요하다. 또한, 제품을 선택할 때는 제품이 얼마나 오래 지속될 수 있는지 충분히 고려하는 것이 필요하다. 예를 들어, 건물의 내벽은 상대적으로 수명이 짧기 때문에 폴리우레탄같이 분해가 어려운 접착제를 사용해서는 안 된다. 반대로 주거용 건물의 주요 지지 구조는 백여 년 동안 지속 가능하기 때문에 콘크리트처럼 '나쁜' 자재를 사용하는 것이 실제로는 그다지 나쁜 선택이 아닐 수 있다. 콘크리트는 쉽게 마모되거나 부패하지 않는, 강하고 견고한 자재이기 때문에 장기간 사용에 매우 적합하다. 이러한 경우에는 건물의 골격을 나중에 재사용할 수 있도록 분해가 가능한 프리패브 콘크리트(Prefabricated Concrete)구조로 만드는 것이 좋다. 이렇게 자재와 제품의 예상 수명과 분해 가능성을 고려하면 더 나은 선택을 할 수 있다.

 tip 3

Know the expected service life of circular products

The shorter the service life of a material or product, the more important it is that it can be dismantled with ease. When making a decision, you need to carefully consider how long the product should last. By knowing the expected service life of circular materials and products, you can better consider how to construct with them. Interior walls have a relatively short service life, so it's important not to use Polyurethane foam to attach elements to the structure. At the same time, a main bearing structure in a residential building can last for hundreds of years. In that case, it is not so bad if you use what might, at first thought, appear 'bad', such as concrete. The latter is hard wearing and not susceptible to decay, it is strong and robust, thus making it highly suitable for long-term use in buildings. In that case, the preferred approach would be to manufacture a prefabricated concrete structure that can be dismantled for later use as a donor skeleton for another building.

설계 Design

서클 내부: 세계 최초의 엘리베이터 서비스, 승강기 이동마다 요금 지불(미쓰비시)
Circl: elevator as a service, pay per lift movement (Mitsubishi); first in the world

순환 건축 Lessons in Circularity

순환 수익 모델 이해하기

건물의 잔존 가치는 아직 수익 모델로 고려되지 않고, 오히려 철거 업체에게 지불하는 비용으로 여겨진다. 그러나 순환 경제에서는 잔존 가치가 수익을 낼 수 있는 가치 평가 계산에 포함되며 이에 따라 고객은 투자 비용의 일부를 회수할 수 있다. 이는 공정 초기부터 건물의 수명과 그 이후에 대해 생각해 보도록 하는 경제적 인센티브가 된다. 예를 들어, Cie.에서 참여했던 아인트호벤 기차역의 공공 자전거 주차 시설은 20년 후 대형 주거용 타워 블록으로 바뀔 가능성이 매우 높았기 때문에, 이를 고려하여 분해와 재사용이 쉬운 자재로 설계되었다.

또한 장비와 제품을 모두 구매해야 하는지, 또는 임대나 대여 계약 중 어느 것이 더 적합한지를 고려하면 장기적으로 비용 절감을 기대할 수 있다. 예를 들어, 엘리베이터 구매 비용은 상당히 비싸지만, 사용 횟수마다 비용을 지불하게 되면 더 오랜 기간 투자를 분산시킬 수 있다. 동시에 제조업체는 품질에 대한 책임을 유지해야 하기 때문에 결국 장기간 사용에도 문제가 없고, 최소한의 유지보수만 필요한 최고 품질의 엘리베이터를 제공받는 셈이 된다.

 tip 4

Understand the circular revenue models

The residual value of a building is still not calculated as part of the business case – it is sometimes even seen as a cost item when paying the demolition firm to remove it. Within the circular economy, however, the residual value is part of the calculation, allowing the client to earn back a part of his investment. This creates an economic incentive to start thinking about the service life of the building at the very start of the process, and what will happen to it afterwards. For example, it is very likely that the bicycle parking facility at Eindhoven railway station will make way for a large residential tower block in twenty years' time. The facility has been designed on this basis, being easy to dismantle and with materials that can be easily reused.

In addition, you can also look at whether the equipment and products really need to be purchased or whether a lease or hire agreement might be appropriate. As an example, a lift is fairly costly to purchase, but if you pay per lift movement, you can spread the investment out over a longer period. At the same time, the manufacturer remains responsible for the quality, which encourages him to supply as high a quality lift as possible that will last for the long term and require only minimal maintenance.

재활용 청바지로 만들어진
단열재
Insulation material made
from recycled jeans

de Architekten Cie.

tip 5

설계 Design

건축 시스템, 제품 및 자재에 대한 최신 지식 보유하기

모든 건물 구성 요소는 그 성능과 기능이 보장돼야 한다. 따라서 시스템들이 어떻게 작동하는지 명확하게 이해하고 있어야 하며, 이를 통해 순환적 설계 내에서 각 요소가 적합한지를 평가할 수 있다. 예를 들어, 암스테르담의 서클(Circl)은 건물 외벽을 분해가 쉬운 밀폐형 구조로 설계하기 위해 커튼월(Curtain Wall) 시스템[4]을 사용했다. 커튼월 시스템이 분해가 가능한 모듈식 구조로 되어 있었기 때문에 서클(Circl)의 외벽으로 적합하다고 판단했다. 이후 공급업체와 협력하여 커튼월 단면도를 보다 유연하고 일반적인 형태로 조정하여 향후 응용에 적합하게 만들었다.

또한 재사용을 고려할 때는 자재와 제품의 화학적 특성에 대한 지식이 매우 중요하다. 특정 자재나 제품의 유용성과 별개로 유독성을 가질 수 있기 때문이다. 이러한 자재는 재사용의 가능성이 있다하더라도 절대 사용하지 않는 것이 좋다. 이는 'Cradle to Cradle' 운동에서 채택한 순환적 사고방식과 관련 있기도 하지만, 제조업체가 친환경 제품을 생산하도록 장려하지 않기 때문이기도 하다. 다행히 많은 공급업체가 순환 건축 제품과 자재 개발에 전념하고 있다. 우리 Cie.팀은 프로젝트에 적합한 공급업체를 찾던 중, 자신들의 생산 라인의 잔재를 활용해 내벽을 생산하는 회사를 발견했다. 이러한 우수 사례를 작업 현장에 알리거나 회사에 초대하여 사례를 공유하고, 직원들과 서로 토론하는 기회를 제공하는 것이 중요하다. 새로운 지식에 관한 지속적인 노출과 공유를 통해 궁극적으로는 이러한 혁신을 표준으로 삼을 수 있기 때문이다.

[4] 커튼월 시스템은 유리 건축물과 비구조 외벽이 있는 건물의 외피 역할을 한다.

 tip 5

Ensure that your knowledge of construction systems, products, and materials is up to date

The components of a building need to perform well. By having a sound understanding of how specific systems work, you can assess their suitability within a circular design. For Circl, Amsterdam, for example, we wanted to create an airtight façade that could be easily disassembled. Ultimately, a curtain wall system proved to be highly suitable on account of its modular structure that could be disassembled with ease. We were subsequently able to work with the supplier to adapt the curtain wall profiles[4] to be more flexible and generic, and therefore, more suitable for other future applications.

In addition, knowledge of the chemical properties of materials and products is extremely important, especially if you intend to reuse them. This is because in some cases, certain used materials or products may very well be usable, but at the same time, toxic. In situations like this, it is better not to use them at all, even though there may be a good chance of a second life. This is in part because you don't want to introduce any toxins into the building, a rationale that has been adopted in circular thinking from the Cradle to Cradle movement, and in part because using toxic materials does not incentivize the producer to manufacture environmentally responsible products. Thankfully, many suppliers are committed to developing circular construction products and materials. Whilst searching for appropriate suppliers for a project, we came across a company that produces interior walls using residual materials from it's own production line. It is important to expose these innovations on the work floor, invite them to your office to present to staff and discuss them with one another, this way good innovations become the norm.

[4] Curtain wall systems serve as the envelope for buildings with glass construction and non-structural exterior walls (Modern, 2021).

de Architekten Cie.
갈릴레오 종합자료센터, 노드와이크, 네덜란드
Galileo, Noordwijk

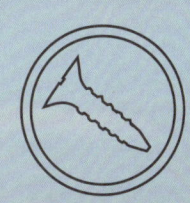

tip 6

tip 6
유연하고 다기능적인 디자인하기

미래를 내다봐야 한다. 건물의 서비스와 그것을 이루는 다양한 구성요소들은, 건축가가 진행하는 프로젝트의 설계 기간보다 더욱 긴 수명을 갖는다. 건물은 여러 가지 레이어(Layer)로 이뤄져 있으며, 각 레이어들은 고유한 수명을 가진다. 스튜어트 브랜드(Stewart Brand)의 저서 《건물의 학습 방법: 건물이 지어진 후 일어나는 일(How Buildings Learn: What Happens After They're Built)》(1994)에 소개된 건축가 프랑크 듀피(Frank Duffy)의 '레이어드 빌딩 모델(Layered Building Model)'을 살펴보면(25페이지 참조), 골조의 법적 수명은 50년 정도이지만 실제로는 그 두 배 이상의 시간을 견뎌낸다. 반면 내벽의 수명은 훨씬 짧고, 건물의 배치는 사용자에 따라 달라진다. 따라서 유연한 건물은 기능 변화에 지장이 없도록 충분히 견고한 골조를 가져야 한다. 이는 건물을 설계할 때 미래에 발생할 수 있는 건물의 용도 변경에 대해 고려해야 함을 의미한다. 그러나 많은 클라이언트가 그렇게 먼 미래까지 생각하고 싶어 하지 않기 때문에, 이를 입법화하는 것이 효과적이다. 예를 들어, 건물 규정에 최소한의 천장 높이를 추가함으로써 용도 변경을 쉽게 할 수 있다. 이때, 내부 설비를 쉽게 교체할 수 있도록 건물의 각 레이어도 편리하게 분리될 수 있어야 한다.

 tip 6

Make a flexible and multifunctional design

Look ahead. The service life of a building, and its various components, is much longer than your current design assignment. A building comprises many different layers, each with its own service life. For reference, see the Layered Building Model by architect Frank Duffy, which was later expanded by Stewart Brand in the book How Buildings Learn: What Happens After They're Built (1994). (see page 25) The bearing structure has the longest service life, legally 50 years, but in reality usually twice that. Interior walls, on the other hand, have a much shorter service life. The layout of the building changes as its users change. A resilient building will therefore have a bearing structure that is sufficiently robust that it does not in any way impede function changes. This means that when designing a building, you must also be thinking about changes to the building's use that might occur in the future. Many clients are not encouraged to think far enough into the future. Consequently, it would be helpful if this were legislated for – incorporating a spacious floor to floor height in the Buildings Decree would, for example, facilitate function changes. In addition, it must be possible to conveniently separate the different layers from one another, so that internal installations can be replaced easily.

Keizersgracht 126, Amsterdam: Cie. 의 35년 간의 이전 주소
Keizersgracht 126, Amsterdam, for 35 years the former address of de Architekten Cie.

tip 7

순환 건축 Lessons in Circularity

 tip 7

사용자가 좋아할 만한 고품질 건축 제공하기

지속가능성은 오랫동안 옳은 일을 위한 필수 요소로 여겨져 왔다. 하지만 지속 가능한 디자인은 단순히 옳은 일을 하는 것뿐만 아니라 고품질의 설계를 포함하여 더 많은 이점을 제공할 수 있다. 이것이 누군가에게는 최종적으로 지속 가능한 디자인을 선택하는 이유가 되기도 한다. 좋은 건축물은 사람들이 집처럼 편안함을 느끼고, 애착을 가지며, 건물을 잘 관리하도록 돕는다. 예를 들어, 암스테르담의 운하 주택은 수 세기에 걸쳐 지속해서 보수되고 관리되며, 소중하게 간직되어 왔다. 이러한 방식으로 건물의 수명은 연장되었다. 건축가의 역할은 순환적으로 설계된 건물이 품질과 아름다움, 훌륭한 공간을 제공하는 것을 입증하는 것이다. 그러나 여기서 문제는 '품질이란 무엇인가?'이다. 로버트 M. 피어시그(Robert M. Pirsig)는 그의 저서 《선과 모터사이클 관리술: 가치에 대한 탐구(Zen and the Art of Motorcycle Maintenance: An Inquiry into Values)》에서 '정의의 위험은 의미를 말살하는 것이다'라고 주장한다. 그럼에도 불구하고 그는 '품질은 다양한 형태를 띨 수 있다'고 강조하며 책을 마무리한다.

'품질이란… 무엇인지 알고 있지만 여전히 모르는 것이다. 이것은 자기 모순적이다. 어떤 것들은 다른 것보다 나아서, 즉 더 좋은 품질을 가지고 있다고 말할 수 있지만 그 품질이 무엇인지, 품질을 가진 것을 논하지 않고는 그것을 설명할 수는 없다. 결국 더 이야기할 수 있는 부분이 없는 것이다. 그러나 품질이 무엇인지 말할 수 없다면, 그것이 무엇인지 어떻게 알 수 있으며, 심지어 그것이 존재하는지는 어떻게 알 수 있을까? 아무도 그것이 무엇인지 모른다면, 실제로는 존재하지 않는 것이 된다. 그럼에도 불구하고 실용적인 목적을 위한 품질은 실제로 존재한다.'

tip 7

Provide high-quality architecture that users will love

Sustainability has long been a must when endeavouring to do things right. However, sustainable design can also deliver a lot, including high-quality architecture. This is the reason why someone will ultimately pick that design. Good architecture ensures that people feel at home and attached, and helps ensure that they take good care of it. Take Amsterdam's canal houses, for example. Over the centuries, these houses have been cherished, refurbished again and again, and maintained. This type of care ensures a longer service life. Your job as an architect is to demonstrate that a circular building delivers quality, beautiful architecture, and fine spaces. But the question is – what is quality? 'The danger of a definition is that it kills', writes Robert M. Pirsig in his book Zen and the Art of Motorcycle Maintenance: An Inquiry into Values. Nevertheless, at the end of the book, he offers a definition that hits the nail on the head – quality can have many forms.

'Quality… you know what it is, yet you don't know what it is. But that's self-contradictory. But some things are better than others, that is, they have more quality. But when you try to say what the quality is, apart from the things that have it, it all goes poof! There's nothing to talk about. But if you can't say what quality is, how do you know what it is, or how do you know that it even exists? If no one knows what it is, then for all practical purposes it doesn't exist at all. But for all practical purposes it really does exist.'

아인트호벤의 자전거 주차 시설에
재사용될 기차 창문
Used train windows for the bicycle
parking facility at Eindhoven

de Architekten Cie.

tip 8

설계 Design

순환 건축 Lessons in Circularity

 tip 8
흥미로운 스토리텔링 하기

건축가는 클라이언트를 위해 설계한다. 건축가는 클라이언트의 동기에 몰두하면서 순환성이 그들에게 효과적일 수 있는 연결고리를 찾아야 한다. 클라이언트가 동기를 찾을 수 있도록 돕는 것이 건축가의 역할이라고 생각한다. 순환적 건물은 항상 새롭고 낯설다.
많은 고객이 지속 가능한 것을 원하지만, 그것이 무엇인지, 어떻게 이뤄져야 하는지 정확히 알지 못한다. 따라서 고객이 공감할 수 있는 스토리를 제시하는 것이 중요하다. 클라이언트에게는 건물이 그들의 비전이나 이미지와 부합하는 것이 중요할 수 있다. 예를 들어, ABN AMRO 은행은 지속 가능한 건물을 원했다. 우리는 오랜 논의 끝에 지속 가능한 건물이 무엇을 의미하는지 결론을 내렸고, 순환적 건물이 최선의 선택이라고 판단했다.
또 다른 예로, 지식 근로자들을 유치하기 위해 최첨단 기술 도시를 목표하는 아인트호벤 시는 순환 설계가 이루어진 자전거 주차 시설을 시를 홍보하는 쇼케이스로 활용할 수 있다.

 tip 8

Have a good story to tell

As an architect, you create a design for a client. You need to immerse yourself in their drivers and find links to help make circularity work for them.
I believe that it is the job of an architect to help the client in finding the motivation. A circular building is always something new and unfamiliar. Many clients want something sustainable, but how and what exactly? It's important that you give them a story that they can work with. For a client, it may be important that the building matches their vision or image. For example, ABN AMRO wanted a sustainable building. We discussed at length what a sustainable building should mean and ultimately arrived at a circular building as the best option. Another example is the city of Eindhoven, which wants to stand out as state-of-the-art in the field of technology, in order to attract knowledge workers. Thanks to the innovative circular design, they can use the bicycle parking facility as a showpiece in their communication.

설계 Design

서클에 재사용된 중고 목재 창틀
Used timber window frames, applied in Circl

 tip 9
최종 모습은 완공 시에만 알 수 있음을 인지하기

순환적 설계는 설계자 본인은 물론 컨설턴트와 시공사, 심지어 클라이언트까지 관련한 모든 이해관계자에게 완전히 다른 사고방식과 마음가짐을 요구한다. 설계 과정 역시 중고 자재와 제품을 찾는 것으로 시작하기 때문에 초기에는 확정적인 최종 결과물을 그리기 어렵다. 미리 무엇을 발견할지 모르기 때문이다. 물론 추구하는 품질을 위해서 어느 정도 목표하는 수준을 합의할 수 있지만, 순환 프로젝트는 그 특성상 모든 관계자에게 상당한 유연성을 요구한다.

Understand that the final picture is only known upon completion

Circular design requires a completely different mentality and mindset from every stakeholder – yourself, advisers, and the contractor – as well as the client. The design process starts with the search for used materials and products, which means that at the beginning, you are unable to present a definitive final picture. You have no idea what you are going to find beforehand. You may be able to jointly define the frameworks so you know what level of quality to aim for, but the project will require considerable flexibility from all of those involved.

de Architekten Cie.

tip 10

순환 건축 Lessons in Circularity

 tip 10
순환적 설계만의 미학과 품질 이해하기

재사용 자재를 사용해 설계하는 경우, 초기 단계에서 너무 복잡하게 고민하지 않는 것을 권장한다. 나중에 더 적합한 자재나 제품을 찾을 가능성이 높기 때문이다. 가능하면 표준적인 요소들을 최대한 활용하고 근면하게 작업하며 신중하게 접근하는 것이 중요하다. 그렇다고 인상적인 건축물을 만들지 못한다는 의미가 아니다. 사실은 그 반대다. 실제 아인트호벤 자전거 주차 시설의 매력적인 외관은 전혀 예상할 수 없었던 부분이었다. 우리는 여느 때처럼 재사용 자재를 찾다가 모서리가 둥근 기차 창문을 발견하게 되었고, 이러한 우연한 수확 덕분에 처음에 상상했던 것보다 훨씬 더 멋진 외관을 만들 수 있었다.

 tip 10

Be aware that circular design leads to a different aesthetic – but not inferior quality

As you are designing with found objects, I recommend not devising anything too complicated as a starting point, as you'll find the right products and materials that will make it possible. Work as much as possible with standard elements, and do so with as much discipline and caution as you can. This approach does not mean that you cannot deliver surprising architecture – quite the opposite, in fact. I could never have imagined the façade of the bicycle parking facility in Eindhoven. Because I searched for large batches of reusable products and then found the rounded train carriage windows, I managed to create something that is better than I could have imagined beforehand.

성공적인 순환 설계 과정을 위한 체크리스트

- ❏ 모든 협력사의 지식수준을 동일한 수준으로 끌어올리기. 추가 교육과 지식 교환을 통해서 이룰 수 있다.

- ❏ 공통 순환 목표 설정하기. 건물을 통해 도달하고자 하는 순환적 목표 지점은 어디인가? 아직 100%까지는 도달하기 어렵지만, 얼마나, 어느 정도까지 이루고 싶고 이룰 수 있나?

- ❏ 명확한 전제 조건 설정하기. 사용 가능한 예산과 건물이 완공되어야 하는 기간 등을 포함한다.

- ❏ 유연하고 조정 가능한 디자인 개요 제공하기. 사용 가능한 자재와 제품에 따라 일부 조정이 필요할 수 있다.

- ❏ 건물의 전체 수명 결정하기. 이는 모든 이해관계자의 공동 책임으로 자재와 제품 선택에 영향을 미친다.

- ❏ 위험 요소를 예측하고 공동으로 책임지기. 예를 들어, 재사용 및 순환 자재를 구매하는 경우 처리하는 데 더 많은 시간이 소요될 수 있다.

- ❏ 중대 사항은 공동으로 결정하기 - 자재 선택처럼 최종 결과물에 큰 영향을 미치는 것들은 공동으로 결정해야 한다.

- ❏ 각 협력사에게 충분한 자율성 부여하기 - 각자의 방식으로 설정된 순환 목표를 달성할 수 있도록 한다.

Checklist for a successful circular design process

- ❏ **Make sure that the level of knowledge of all partners in the collaboration is at the same level.** This can be achieved with additional training and exchange of knowledge.

- ❏ **Set a common circular objective.** How far will the circularity of the building go? 100% is still unattainable, but how far can and do you want to go?

- ❏ **Set clear boundary conditions** such as the budget that is available and the period in which the building should be completed.

- ❏ **Make sure that you have a flexible and adaptable design brief.** Certain amendments might be needed depending on the materials and products that are available.

- ❏ **Determine the total service life of the building.** This will impact the choice of materials and products and is a joint responsibility of all stakeholders.

- ❏ **Map the risks and take joint responsibility for them.** When purchasing reusable and circular materials, it may take more time to actually process them.

- ❏ **Make the most important decisions jointly** – those that will have a big impact on the end result, such as the choice of materials.

- ❏ **Give each collaboration partner enough freedom** to attain the set circular objective in their own way.

de Architekten Cie.

사례 B
Business Case
EDGE 올림픽 EDGE Olympic
클라이언트: EDGE 테크놀로지스
Client: EDGE Technologies

사례 B Edge Olympic

de Architekten Cie.

정적인 건물에서
살아있는 유기체로

EDGE 테크놀로지스는 프로젝트를 통해 이산화탄소 배출 감소, 에너지 절약, 폐기물 감소에 기여하고자 하는 부동산 디벨로퍼(Developer)이다. 그들은 기술의 활용과 세심하게 설계된 디자인이 건강과 생산성을 향상시키고, 나아가 질병으로 인한 결근을 예방하는 데에도 도움이 될 수 있다고 믿는다. EDGE는 Cie.에게 이러한 철학에 따라 본사 사무실 건물을 재설계 해 달라고 의뢰했다.

암스테르담 올림픽 경기장 근처에 위치한 EDGE 사무실 건물은 1990년에 완공돼 더 이상 현재의 요구사항을 충족하지 못했다. 이에 따라 리노베이션이 광범위하게 이루어졌다. 기존 건물 상부에는 두 개의 새로운 층을 추가하였다. 목재 지지 구조로 상부를 가볍게 하였고, 덕분에 하중 흡수를 위한 추가적인 개입(Intervention)이 필요하지 않았다.

From static building to living organism

Project developer EDGE Technologies seeks to use its projects to contribute to a reduction in CO_2 emissions, an increase in energy savings, and a reduction in waste. In addition, it also believes that use of technology and carefully considered design can contribute to health and productivity and help to prevent absence due to illness. de Architekten Cie. was asked by EDGE to redesign the office building, which also serves as its head office, according to this philosophy.

The office building from 1990, which is close to Amsterdam's Olympic Stadium, had ceased to meet today's requirements. The renovation has been far-reaching in every respect. Two new storeys have been added to the top of the existing building. Thanks to a timber bearing structure, the structure is lightweight – this also meant that no additional intervention was needed in the existing structure to cope with the weight.

사례 B Edge Olympic

EDGE Olympic under construction

게다가, 노출된 목조구조는 건강하고 지속 가능한 외관을 만든다. 리노베이션 과정에서 사용된 다른 자재들은 지속 가능한 자원을 활용해 제작되었으며, 철거 시 재사용이 가능하다.

EDGE는 모든 기술적 요구사항을 충족하는 데 그치지 않고, 직원들과 비즈니스 발전에도 공간적으로 기여할 수 있는 건물을 원했다. Cie.는 클라이언트의 요구를 반영해 회의 공간으로 활용될 수 있는 두 개의 아트리움(Atrium)을 중심으로 건물을 설계했다. 건물은 효율적으로 설계된 중심부와 개방적인 작업 공간 덕분에 더욱더 유연하게 분할될 수 있었다.

또한, 7,000 bGrid 센서 네트워크는 건강과 빛, 에너지 소비 측면에서 관리자에게 직접적인 통찰력을 제공해서 설정한 목표를 위해 신속하게 대응할 수 있도록 돕는다. 예를 들어, 직원들은 스마트폰을 통해 온도와 습도 등 업무 공간의 환경을 조절할 수 있으며, 동료들이 현재 어디에서 작업하는지를 확인할 수 있다. 또한 센서는 건물 관리를 더욱 쉽고, 지속 가능하게 한다. 건물에서 사용되고 있는 부분과 청소가 필요한 부분이 기록되며, 마모되는 정도 또한 모니터링되기 때문에 유지 및 관리에 관한 결정을 사전에 내릴 수 있다. 이처럼 유기적인 시스템으로 이루어진 건물은 단순히 기업의 본부만이 아니라 살아 있는 유기체로 작동한다.

비즈니스 사례

클라이언트인 EDGE는 사무실 건물을 리노베이션하여 직원들과 공동 임차인들에게 고품질의 공간을 제공하고, 동시에 건물 소유자로서 건물을 책임지고 관리한다. 이때 효율적인 관리 및 임대 서비스를 위해 디지털 빌딩 패스포트(Building Passport) 시스템이 적용된다. 이는 건물을 특색 있게 할 뿐만 아니라 궁극적으로는 높은 임대 가능성과 잔존 가치를 창출한다.

In addition, the wooden structure, which is visible, contributes to the healthy, sustainable appearance of the building. Other materials that were used as part of the renovation originate from sustainable sources and will be reusable when the time for dismantling comes.

The client wanted a building that satisfied all technical requirements, but that spatially and programmatically contributed to the development of employees and businesses. de Architekten Cie. reconciled this by designing the building around two major atriums, which act as meeting spaces for employees. Moreover, the building can be flexibly partitioned thanks to cleverly designed cores and open workplaces.

A network of 7,000 bGrid sensors provides direct insight into the set objectives in terms of health, light, and energy consumption, allowing the management to respond with targeted interventions. For example, employees can adjust the climate in their own workplace via a smartphone, as well as see where their colleagues are currently working. In addition, the sensors make building management easier and more sustainable – a log is maintained of which parts of the building are in use and need to be cleaned. Wear is also monitored, so that decisions concerning maintenance can be taken in advance. All of this makes the building a living organism much more than merely a static base for businesses.

Business Case

By having the office building renovated, client EDGE is seeking to give its employees and co-tenants a high-quality product. EDGE will remain the owner of the building, and manage it as well. This includes use of the digital Building Passport for purposeful management and good rental service. Above all, this delivers distinctive architecture and ultimately, maximum rentability and a higher residual value.

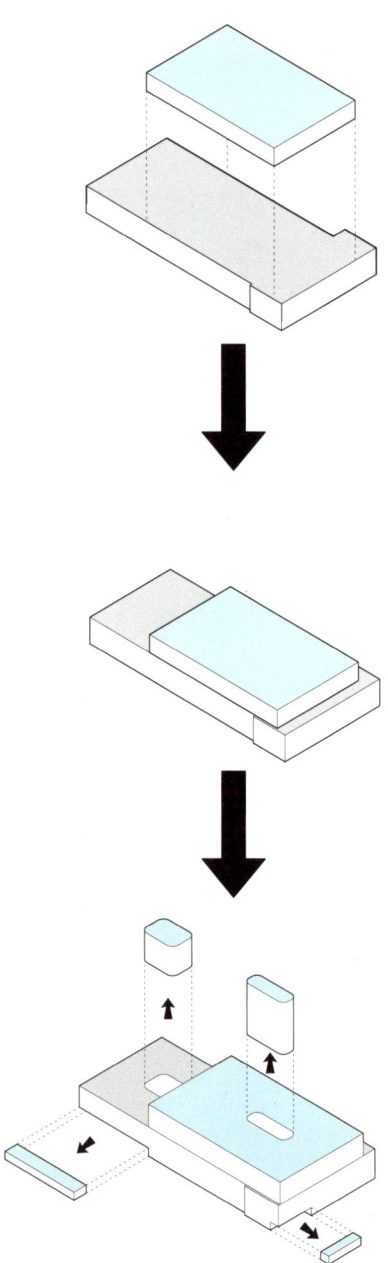

추가 및 개입
Additions and Interventions

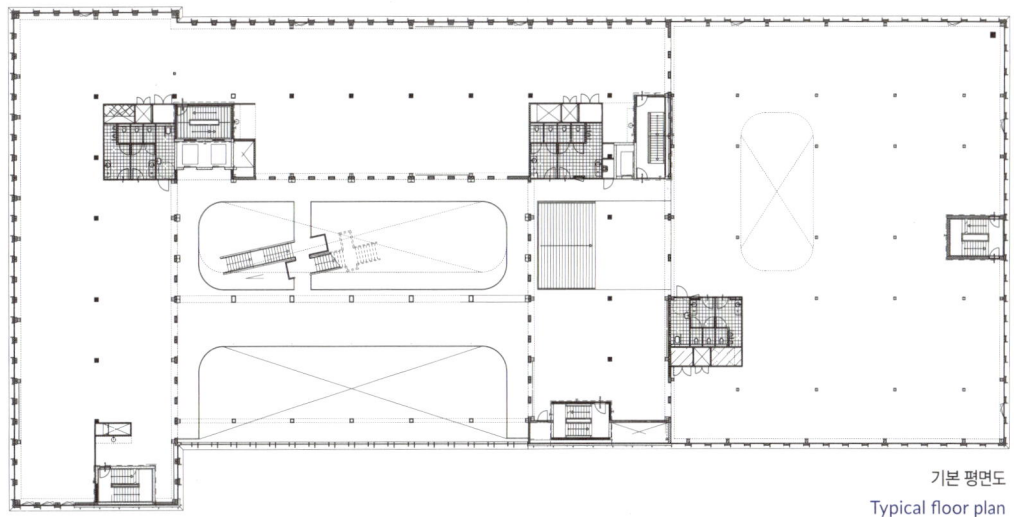

기본 평면도
Typical floor plan

EDGE 올림픽 기존의 모습 EDGE Olympic existing situation

EDGE 올림픽의 새로운 모습 EDGE Olympic new situation

de Architekten Cie.

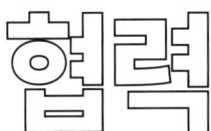

기존 시공 방식과 완전히 다른 접근이 필요한 순환 건축, 그중, 가장 중요한 것은 협력이다.

Collaboration

In circular construction, collaboration is extremely important, but is completely different to a traditional construction process.

de Architekten Cie.

원자재 가치에 대한
인식이 높아지면서
재료 공급자의 역할이
변화하고 있다.

The roles are
changing as we're
more able to
recognize how
valuable raw
materials are

순환 건축은 기존과 다른 지식뿐만 아니라 다른 모델과 제품을 필요로 한다. 무엇보다 순환 건축은 희소 원자재와 자재의 재사용을 위한 절차와 규정을 필요로 한다. 이러한 상황에서 순환적 건축 프로젝트의 현실은 다루기 힘든 과제로 보일 것이다. Cie.는 암스테르담의 서클(Circl)과 아인트호벤의 공공 자전거 주차시설을 설계하면서 어떤 디자인이든 긴밀한 협업이 필수적이며, 투명성과 열정을 함께 가져야 한다는 사실을 체득했다. 이를 주제로 키스 아네마트(Kees Anemaet: 인프라 전문 엔지니어링 회사 Movares의 프로젝트 매니저)와 페트란 반 힐(Petran van Heel:친환경 에너지 회사 Eteck의 개발 팀장, 이전 ABN AMRO의 은행가이자 개발자로서 서클 설립에 참여), 닉 야링 (Nick Jaring: 건설 회사 HBB 그룹의 이사, 이전 BAM 소속의 서클 작업 기획자) 과 한스 하밍크(Hans Hammink: Cie.의 어소시에이트)가 나눈 대화를 소개한다. (Associate Architect bij de Architekten Cie.).

캇야 에덴스(Catja Edens)

It demands not only a different kind of knowledge, but different models and products. Most importantly, circular construction requires procedures and legislation that are based on the scarcity of raw materials and the reuse of materials and products. In the current situation, the reality of a circular construction project might seem unmanageable. de Architekten Cie. designed Circl in Amsterdam and is now working on a circular bicycle parking facility in Eindhoven. Proper collaboration is crucial, whatever the design, together with transparency and passion. A discussion with Kees Anemaet (project manager at engineering firm Movares, specializing in infrastructure), Petran van Heel (development team lead at Eteck, working on the energy transition, previously a banker at ABN AMRO and involved in the creation of Circl as a developer), Nick Jaring (director of construction for the HBB Group, previously a work planner for Circl at BAM), and Hans Hammink (associate architect at de Architekten Cie.).

Catja Edens

협력 Collaboration

캇야 에덴스(Catja Edens, 이하 'CE'): 한스, 건축가로서 첫 작업물이 순환 프로젝트였다고 알고 있다.

한스 하밍크(HH): 맞다. 알미르 지역에 있는 집이었다. 대회에 참가해서 지었다. 당시 공부 중이었고, 돈도 많지 않았기 때문에 들보(Beams)나 비계 파이프(Scaffolding Pipes)같은 자재는 중고로 구매하는 것이 합리적이라고 생각했다. 아마씨 유성 페인트(Linseed Oil Paint)와 질 좋은 단열재를 사용한, 1987년 당시 굉장히 순환적인 건물이었다. 사실 그때는 순환이라는 용어도 존재하기 전이라, 대부분 사람들이 옳다고 생각하는 기본 상식을 바탕으로 설계했을 뿐이다. 지금만큼 상황이 심각하지는 않았지만, 그때도 우리는 순환의 필요성에 대해 이해하고 있었다. 그 후에 사람들은 원자재가 유한하다는 사실을 완전하게 인식하게 되었고, 기후가 어떻게 악화되는지를 두 눈으로 직접 보게 됐다. 순환성은 더 이상 과장된 개념이 아니다.

닉 야링(Nick Jaring, 이하 'NJ'): 하지만 순환성은 여전히 과장이 심한 편이고, 이것이 위험한 요소로 작용할 수 있다고 생각한다. 과대 포장에는 유효 기간이 있지만, 순환성은 지속돼야 한다. 물론 순환성이 과장되든 그렇지 않든 시간은 오래 걸릴 것이다. 6년 전 서클(Circl) 프로젝트에 참여했을 때, 당시 정부는 100% 순환 건축을 목표로 순환성에 많은 관심을 기울였다. 하지만 6년이 지난 지금까지도 크게 달라진 부분이 없다. 모든 것이 더 작은 단계로, 구체적이고 달성 가능한 목표로 설정되어야 할 것이다. 예를 들면, 한 번에 50% 또는 100% 순환을 목표로 두는 것이 아니라 1년에 10%씩 순환하는 것과 같이 작고 구체적인 단계들이 필요하다고 본다.

페트란 반 헬(Petran van Heel, 이하 'PvH'):상황이 더디게 느껴지는 데는 이유가 있다. 우리가 앞서 나가고 있고, 주도권을 잡고 있다면 다른 사람들이 충분히 따라오지 못한다고 느끼는 것은 당연하다. 그러나 이러한 전환은 협력 업체들이 선형적으로 수익을 내는 시장에서, 그것도 간신히 얻어지는 작은 이윤으로는 어렵다. 정부가 장려 정책을 시행해서 공정한 경쟁의 장을 만들고, 명확한 방향을 제시하는 것이 필요하다. 과연 우리는 어디로 나아가고 있으며, 그곳에 도달하기 위해서 어떤 조치를 취해야 할까?

CE: 현재의 시공 방식과 순환적 시공의 차이점은 무엇인가?

키스 아네마트(Kees Anemaet, 이하 'KA'): 전통적인 건설 방식은 서비스와 자재를 구매하고, 그 후 건설 현장에서 사람들이 조직적인 방식으로 일하도록 하는 것이다. 이러한 방식은 자재는 비교적 저렴한 편이지만 시간당 인건비가 높기 때문에 모든 것이 노동 시간을 최소화하는 데 중점을 두게 된다. 이는 결국 노동 시간에 대한 인색한 태도와 자재에 대한 무관심한 접근으로 이어졌다.

Catja Edens (CE): Hans, I understand that your very first project as an architect was a circular project.

Hans Hammink (HH): That's right. It was a house in Almere. It came about following a competition. I was still studying and didn't have a lot of money, so it seemed logical to opt for used materials such as beams and scaffolding pipes. Combined with linseed oil paint and good insulation, it was a very circular building for the time – it was 1987.
Really, it was mostly common sense; the term circular did not yet exist. But, even then, we understood the need, although the situation was not quite as pressing and urgent as it is now. Since then, everyone has become fully aware of the finite nature of raw materials, and we can all see how the climate is deteriorating. Circularity is no longer just a hype.

Nick Jaring (NJ): But, circularity is still hyped up an awful lot – and that's a risk, because hype has an expiry date, whereas circularity needs to endure. I think it will all take a long time. Six years ago, I became involved in Circl. At that time, circularity was getting a lot of attention from the government, with plans to ultimately make construction 100% circular. But since then, very little has changed. Perhaps everything needs to happen in smaller steps and in concrete, achievable goals – not 50% or 100% circular in time, but ten per cent circular within a year.

Petran van Heel (PvH): There's a reason for the impatience you're experiencing. We are ahead, and if you're the one taking the lead, it's only logical that you feel that those behind you are not doing enough. But that turnaround is tricky in a market in which parties earn their money in a linear fashion, with small margins that are often squeezed. You need the government to implement stimulation measures to create a level playing field and offer a clear perspective. Where are we heading, and what steps do you need to take to get there?

CE: But what is so different about circular construction compared with the current approach construction?

건설 현장에 가면 폐기물이 담긴 컨테이너들이 줄지어 배출되는 것을 볼 수 있다. 우리는 아직 재사용하는 것보다 버리는 것을 선호하는데, 이는 재사용 방법이 복잡하고 더 많은 작업이 필요하기 때문이다.

PvH: 순환 건축을 위해서는 제도적인 변화가 필요하다. 특히 노동시간의 고비용에서 자재 및 원자재의 고비용으로 전환이 중요하다. 에카르트 윈트젠(Eckart Wintzen)의 이론에 기반한 'Ex'tax'[5]가 다시 한번 화제가 되었다. 그는 세금 부과에 따라 생산 및 경제 체제가 이롭게 변할 수 있다고 주장한다. 예를 들어, 노동에 대한 세금이 높아지면 기업들은 직원의 수를 줄이기 위해 노력할 것이고, 에너지와 천연 원자재에 대한 세금이 높아지면 기업들은 이들을 더 경제적이고 효율적으로 사용한다는 것이다. 이러한 방식으로 그동안 천연자원에 의존하였던 번영은 인적자원의 혜택에 더 많은 기반을 두게 될 것이다. 또한 원자재를 무분별하게 사용하는 것을 막고, 더 많은 사람들이 일할 수 있도록 장려할 것이다. 그때야 비로소 대규모 재사용은 실현 가능한 현실로 다가올 것이다.

CE: 순환 건축의 발전을 이끄는 주체는 누구인가? 용역을 의뢰하는 이들인가, 아니면 이를 기획하고 실현하는 사람들인가?

PvH: 우리가 살아가고 있는 소비 사회에서 소비자들은 언제나 최저 가격을 요구한다. 그렇게 오늘날의 우리가 있게 됐다. 사람들이 스스로 구입하고 사용하는 물건들의 실제 비용을 인식하는 것이 중요하다. 이 비용에는 아동 노동과 탄소 배출, 환경 파괴 및 생물 다양성 피해와 같이 감춰진 비용이 포함된다. 사람들이 이를 알게 되면, 부디 다른 선택을 하기를 희망한다.

NJ: 수요나 규제적인 측면이 중요하다고 생각한다. 정부는 Ex'tax와 같은 정책을 통해 더욱더 적극적으로 지속가능성과 순환성을 장려해야 한다.

PvH: 공급의 측면에서도 중요한 역할을 해야 한다. 모범을 보이고, 투명성을 보장해야 할 것이다. 서클(Circl)의 설계는 실제 ABN AMRO 조직 내에 파급 효과를 일으켰다. 시클(Circl)은 가능성을 보여줬고, 이는 곧 믿음으로 이어져 정체성과 열정을 만들어 냈다. 이러한 시민들의 열렬한 지지가 큰 힘이 될 수 있다고 본다.

CE: 순환 건축은 기존과는 다른 원칙, 합의 및 기한이

Kees Anemaet (KA): Traditional construction is the purchase of services and materials and, subsequently, getting people to work in an organized fashion on the construction site. Hourly rates are high, so everything is designed to keep the number of labour hours to a minimum. Materials are relatively cheap. This has led to a situation in which there is a frugal approach to labour hours and a much more nonchalant approach to material. You see container after container of waste leaving construction sites – we prefer to throw things away rather than reuse, because that's complicated and it requires more work.

PvH: For circular construction, there needs to be a system change. Particularly, the shift from high costs for labour hours to high costs for materials and raw materials is important. The Ex'tax[5], based on the rationale of Eckart Wintzen, has become a talking point once again. The idea is that if taxes on labour are high, businesses will do whatever they can to keep the number of employees down. If taxes on energy and natural raw materials are high, they will be used with greater efficiency. This way, prosperity will be based less on the use of natural resources and more on the benefits of human resources. It will force us to stop exploiting raw materials haphazardly, and more people will be able to work. Only then will large-scale reuse become feasible and logical.

CE: What is the fastest driver in the development of circular construction – the requesting party or the parties that can devise it and make it?

PvH: We live in a consumer society, and consumers demand the lowest price. That is how we have ended up where we are today. It is important that people become aware of the true cost of the things that they purchase and use. This includes hidden costs such as child labour, CO_2, damage to the environment, and biodiversity. The hope is that if people know this, they will make different choices.

NJ: I think that the demand or regulatory side is very important here – the government should

협력 Collaboration

---

5 Ex'tax: 네덜란드의 사업가 에카르트 윈트젠(Eckart Wintzen)이 제시한 이론. 지구에서 추출(Extraction)하는 원자재에 대해 세금(Tax)을 부과하는 경제적 세금 부과 방식

5 Ex'tax is an economic taxation scheme proposed by Dutch entrepreneur Eckart Wintzen that puts a tax on raw materials extracted from the earth.

온라인 팀 그룹 인터뷰.
왼쪽부터, 페트란 반 힐, 한스 하밍크, 닉 야링, 캇야 에덴스, 키스 아네마트
MS Teams group interview.
From left to right Petran van Heel,
Hans Hammink, Niek Jaring,
Catja Edens, Kees Anemaet

적용되는 다른 세계로 느껴진다. 어떻게 하면 전환을 이룰 수 있을까?

PvH: ABN AMRO 은행은 분기마다 실적을 평가받는다. 이 과정에서 순환 프로젝트가 기존의 방식으로는 큰 이윤을 내지 않는다는 것을 확인했다. 진정으로 순환 경제를 실현하려면, 원자재를 장기적으로 모니터링하는 것이 중요하다. 어떤 원자재를 보유하고 있는지, 누구에게서 가져온 것인지, 언제, 어떤 가격으로 다시 보낼 것인지를 명확하게 정의할 수 있어야 한다. ABN AMRO 은행은 분명히 이와 같은 체계적인 접근법을 찾을 것이다.

HH: 현재 키스(Kees)와 함께 아인트호벤 기차역의 공공 자전거 주차시설에 대한 순환 프로젝트를 진행 중이다. 이 프로젝트를 진행하면서, 기존의 선형적인 체계와 새로운 순환 체계가 충돌할 수밖에 없다는 사실을 알게 됐다. 프로레일(ProRail)6의 엄격하고 보수적인 요구사항과 우리의 유연하고 실험적인 원칙을 조화시키기가 굉장히 어렵다.

be more active in rewarding sustainability and circularity, such as through the Ex'tax.
PvH: But the supply side also has an important role to play. It needs to set an example and ensure transparency. At ABN AMRO, Circl has had a ripple effect within the organization – people have seen that it is possible. It has created believers, identity, and enthusiasm. That's when you can see the power of civic boosterism.

CE: In circular construction, you find yourself in a different world with different principles, agreements, and deadlines. How can you achieve that transition?

PvH: ABN AMRO is judged on its results every quarter. That's when you see that a

협력 Collaboration

KA: 우리가 하는 모든 일은 '확실성(Certainty)'과 '보장(Guarantees)'을 중시하는 기존의 전통적인 문화에 어긋난다. 수십 년 동안 진행되는 이러한 프로젝트들은 프로레일(ProRail)6과 NS, 지방 정부가 요구하는 수천 가지 절차에 대한 규정을 준수해야 한다. 과거 프로 레일(ProRail)의 자재 공급업체들은 상대적으로 덜 중요했지만, 오늘날엔 원자재의 가치를 더 잘 이해하고 있기 때문에 경제적으로 큰 이득을 보고 있다. 더욱 일찍 공급업체를 찾아 계약하는 편이 좋다. 예를 들어, 20년 후 합의된 가격으로 벽돌을 회수하는 공장을 찾는다면, 이것이 바로 순환 설계에서 원하는 순환적인 벽돌이다. 철거 업체와도 원만한 관계를 맺어 놓는 것이 좋다. 이들은 건물을 해체하는 방법을 알고 있는 이론적인 설계자이다. 그들의 지식은 궁극적으로 재활용이 가능한 디자인을 만드는 데 도움이 될 것이다. 그러나 건축가에게 제일 중요한 덕목은 낙담하지 않고 계속 나아가는 태도다. 그러기 위해서는 탁월한 낙관주의가 필요하다.

6 프로레일(ProRail): 국가 철도의 유지 및 확장, 철도 용량 할당 및 철도 교통 통제를 담당하는 네덜란드 정부 기관. 네덜란드 철도 인프라를 소유하고 있는 NS Railinfratrust의 일부이다.

circular project adds nothing to be balance sheet in 'old-fashioned money'. If you really want to make a circular economy real, then it's important to monitor raw materials in the long term; you need to define very clearly what you have, whom it's from, and when it will leave again at what price. A bank will certainly be looking for a systematic approach like this.

HH: Kees and I are currently in the middle of a circular project – a bicycle parking facility at the railway station in Eindhoven. You can see the struggle going on when the old linear world collides with the new circular world. It is proving difficult to reconcile the strict and risk-avoiding requirements of ProRail6 with the experimental, flexible principles that we use.

6 ProRail is a Dutch government organization responsible for the maintenance and extension of the national railway network infrastructure. Prorail is a part of NS Railinfratrust, the Dutch railway infrastructure owner (ProRail - Wikipedia, 2023).

순환 건축 Lessons in Circularity

de Architekten Cie.

아인트호벤 공공 자전거 주차시설의 파사드 디테일
Facade detail Bicycle parking facility, Eindhoven

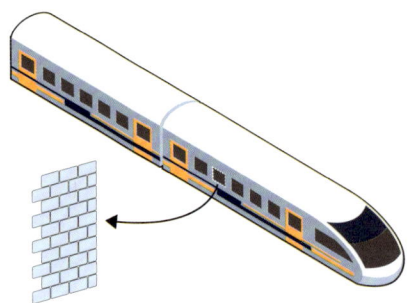

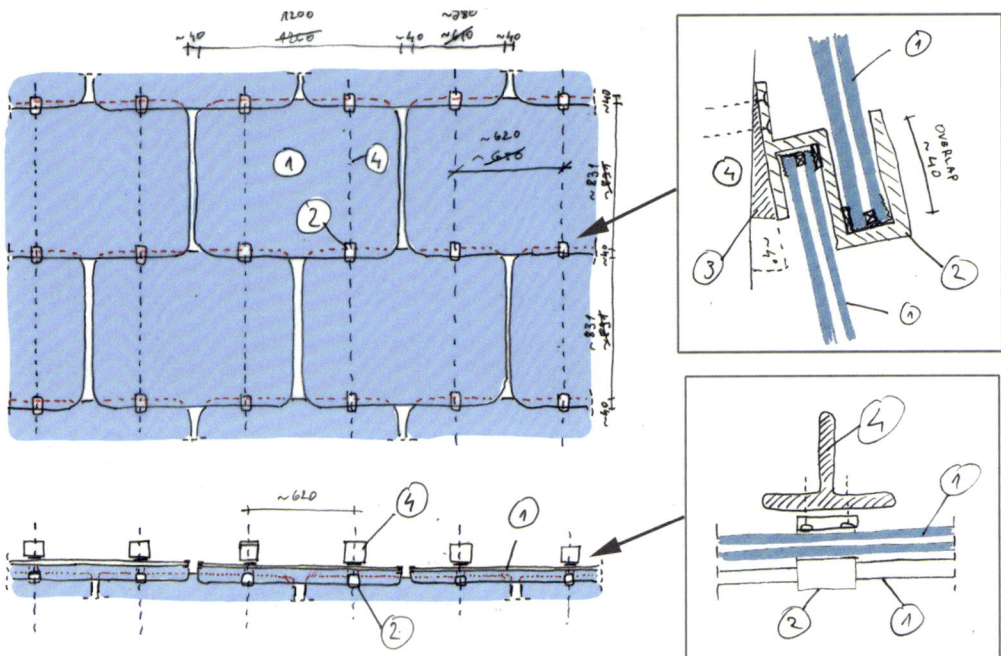

구성요소:
1. 중고 열차 창문 약 1,200 x 871mm, 코너 부분 약 600 x 871mm
2. 창문과 약 40mm 중첩되는 압출 알루미늄 클램프
3. 경사 약 2-4도의 고무 스페이서
4. 강철 또는 알루미늄 하부 구조

elements:
1 Used train windows approx. 1.200 x 871 or approx. 600 x 871 mm (corners)
2 Extruded aluminium clamp with window overlap approx. 40mm
3 Rubber angled filling-in piece approx. 2-4 deg.
4 Steal or aluminium supporting structure

de Architekten Cie.
27/0120

HH: 프로레일의 오래된 철로를 자전거 주차 시설의 기둥으로 재사용하자는 의견으로 누군가와 이야기 하기 위하여 2년이라는 시간이 걸렸다. 그런 철로는 몇 킬로미터나 있을 텐데, 그 중 일부를 기둥으로 만들 수 있을 거라고 생각했다. 하지만 프로레일은 그런 종류의 요청을 처리할 메커니즘이 없다. 이 기관이 하는 모든 일은 안전과 수송에서의 위험을 피하는 데 중점을 두고 있다. 이것은 합리적이고 이해 가능한 부분이지만, 사용된 부품의 가치에 대한 생각이 전혀 없다는 것을 의미하기도 한다.

NJ: 순환 건설 분야에서 일하는 우리는 완전히 다른 원칙을 가지고 있다. 당신은 조명을 구입하지 않고 공급 업체로부터 일정한 조명량을 임대할 수도 있다. 이것은 공급 업체가 오래 지속되며 가능한 적은 에너지를 사용하는 견고한 제품을 제공하는 것에 관심이 있음을 의미한다. 그렇게 해야만 업체가 가장 큰 이익을 얻을 수 있기 때문이다.

PvH: 순환 건설 분야는 시공업체들에게 중요한 기회로 보인다. 이들은 단순히 시공에만 참여하는 역할이 아닌, 전체 시공 프로세스를 관리하는 감독자가 될 수 있다. 이러한 장기적인 참여를 통해 자재의 사용과 원자재를 관리할 수 있으며 스스로의 위치를 재정립할 수 있는 중요한 기회일 것이다.

HH: 역할이 변화하는 것을 볼 수 있다. 과거에는 자재 공급 업체가 중요하지 않게 여겨졌지만 지금은 모두가 원자재와 그것의 가치를 더 잘 이해하고 있기 때문에 사실, 공급 업체는 금광에 앉아 있다고 볼 수 있다. 그들과 더 일찍 둘러 앉아 합의를 이루고 싶어한다. 예를 들어, 나는 벽돌 공장을 찾으면서 20년 후에 그들이 동의한 가격에 벽돌을 되돌려 가져가는 공장을 찾을 것이다. 그런 벽돌이 순환 디자인에 필요하다고 생각한다. 또한 이론적인 디자이너들은 무언가를 해체하는 방법에 전문적인 경험이 있는 철거 업체와 함께 작업하고 싶어할 것이다. 그러한 지식들이야말로 나중에 재활용 될 디자인을 만드는 데 도움이 될 것이다. 건축가로서 낙담하지 않고 계속 나아가는 것이 중요하다. 이러한 것은 불가해한 낙관주의가 필요하다.

PvH: 이 모든 발전의 핵심은 다름 아닌 건축가들이다. 혁신적인 아이디어와 끈기를 갖춘 건축가들이 새롭고 다양한 해결책을 찾기 위해 끊임없이 노력하고 있다. 모든 난관을 헤치며 우리를 이끌어 주는 사람이 있다면, 그것은 바로 건축가일 것이다.

CE: 순환 건축에서 가장 놀라운 점은 무엇이었나? 그리고 그것이 개인적으로는 어떤 변화를 주었나?

KA: 우리가 짧은 시간 동안 함께 배울 수 있다는 사실이 정말 놀라웠다. 이는 전 세계적으로 정보를 매우 쉽고 빠르게 교환할 수 있었기 때문에 가능했다. 현재 아시아와

KA: Everything that we do flies in the face of the old culture of certainty and guarantees, of projects that last for decades and need to comply with the thousands of procedural rules of ProRail, NS, and the local authority. ProRail's management clearly has a policy in place to stimulate sustainability, but in projects and on the shop floor, things are quite different. Those tasked with checking products just end up under stress when the project is an experimental one. For the preliminary design, we received no fewer than 380 review remarks. The Building Aesthetics department found our way of working difficult to get to grips with because aspects of the design were not yet firmly defined. Take a brick wall – the material that you use depends on availability at the time of its implementation. But the Building Aesthetics department wanted to know exactly what type of brick we were going to use beforehand. It's what the rules and procedures dictate.

HH: It took me two years to get someone at ProRail to talk to me about reusing old rails as columns for the bicycle parking facility. There must be kilometres and kilometres of those rails that we could make a column out of, but ProRail just doesn't have the mechanism to handle that kind of request. Everything that the organization does revolves around safety and avoiding of any kind of risk from transport. That's logical, and understandable, but it also means that no thought ever goes in to the value of used parts.

NJ: Those of us working in circular construction have completely different principles. It may be that you don't purchase lights, but rent a certain number of lux from the supplier. This means that the supplier has an interest in providing a robust product that will last and use as little energy as possible, as that's how he'll achieve the greatest return.

PvH: You see important opportunities for contractors in circular construction. A contractor could evolve to become the director of the overall construction process, rather than the party that is allowed to arrange a few things at the front and then move on to the next project. The contractor can become the guardian of raw materials that are used

러시아, 유럽 국가에서 순환 개발을 진행하고 있으며,
이들은 서로 모든 정보를 공유하고 있다. 건설에 대해
근본적으로 다른 각국의 관점 또한 서로 밀접하게
연결되어 있다고 본다. 그리고 이제는 기차역을 단순한
기차역이 아니라 수명이 서로 다른 요소들의 집합으로
바라보기 시작했다. 철로는 100년, 지붕은 70년, 상점은
15년, 자전거 보관대는 12년. 모든 게 수명주기와
연관되어 있다.

PvH: 최근 몇 년 동안 나를 놀라게 한 것은 사람들이
본질적으로 더 나은 방향으로 자신과 세상, 기후를 위해
노력한다는 사실이다. 순환의 길을 결단력 있게 선택하는
젊은 기업가를 보면서 자신감을 얻기도 했다. 그 뒤에는
어떠한 힘이 존재했고, 직업을 바꾸는 계기가 됐다. ABN
AMRO 은행에서 영향력 있는 위치에 있었지만, 그보다
더 구체적인 일로 더 구체적인 변화를 만들고 싶었다. 6년
전에는 그렇게 생각하지 못했다.

NJ: 중요하고 놀라운 발견은 공동의 이익이 개인의
이익보다 더 중요하다는 사실이었다. 서클(Circl)에서
사람들이 자신의 이익을 뒤로 하고 협력하려는 모습을
보았다. 어떤 프로젝트에서도 그렇게 열심히 일한 적이
없었지만, 그렇게 즐거웠던 적도 없었다. 모두가 흐름을
따라 앞으로 나아갔고, 덕분에 내 태도도 바뀌었다.
프로젝트 계약 당시엔 일반적이지 않은 설계를 진행하는
우리를 사람들이 못마땅하게 보고, 그에 맞서 고군분투할
것이라고 예상했다. 하지만 이제는 더 이상 그렇게
생각하지 않게 되었고, 전보다 훨씬 더 개방적인 태도를
갖게 됐다. 진심으로 함께 일할 때, 더 좋은 시너지가 난다.
자신의 관심사를 솔직하게 이야기하면서, 가지고 있는
패를 모두 테이블 위에 올려 두는 편이 좋다.

HH: 서클(Circl)을 통해 순환성이라는 개념을 처음
접했을 때, 그것은 원자재와 자원 보호에 관한 상당히
기술적이고 추상적인 이야기였다. 그렇지만 놀랍게도
순환성을 기반으로 매우 아름다운 건물을 만들 수 있다는
것을 알게 됐다. 시공사와 함께 서클(Circl)을 바라보고
있을 때였다. 건물의 상부가 완성되고 방풍, 방수 처리가
완료된 시점이었는데, 건물을 바라보던 컨트렉터가
불현듯 이렇게 말했다. '와, 정말 아름다운 건물이네요.' 그
순간이 정말 특별했다. 계속해서 노력해야 한다는 것을
배웠고, 그러한 에너지와 확신을 준다면, 어떻게든 보답해
낼 것이다. 그렇지만 때로는 부족한 점을 인정하는 것도
필요하다. 사람들은 여정을 함께할 준비가 되어 있다. 함께
성장해 나가는 것이다.

and reused through long-term involvement of suppliers. It's an important opportunity for contractors to reposition themselves.

HH: We're seeing roles change. In the past, materials suppliers were the party of lesser importance, but today, now that we have a better understanding of the value of raw materials, suppliers are sitting on gold mines. You want to get round the table with them earlier on and make agreements. For example, if I find a brick factory that takes its bricks back after twenty years for an agreed price, those are the bricks that I want in a circular design. I'd also want to be sitting down with a demolition firm because they're the ones who can tell me, as a theoretical designer, how to dismantle something. That knowledge will help me to create a design that I know can eventually be recycled. As architects, it's important not to be discouraged and to just keep on going. That requires unsurpassable optimism.

PvH: You are the crux of this entire development. It is architects, with all of their innovations and perseverance, who are constantly on the lookout for new and different solutions. If anyone can get us through it, it will be architects.

CE: What have been the biggest surprises in circular construction, and how has it changed you on a personal level?

KA: I'm truly astonished at what we have been able to learn together in such a short space of time. That's come about because of the unbelievable ease and speed at which we can exchange information globally. There are circular developments in Asia, in Russia, in Europe, and they are all being shared. That is also being accompanied by a fundamentally different view of construction. I really notice that. When I look at a railway station now, I see a collection of elements with different service lives – the track that has been built to last a century, a canopy for 70 years, a shop for fifteen, and a bicycle rack for twelve. It's all about life cycles.

PvH: What has surprised me in recent years is the extent to which people possess the

순환 원리로 지어진 한스 하밍크의 개인 주택, 드 래알리테이트, 알미르, 네덜란드
Private house Hans Hammink, De Realiteit, Almere, built according to circular principles

intrinsic motivation to seek a better direction, to continue trying to do things better for themselves, the world, and the climate. You see young entrepreneurs with fantastic determination to choose the circular route. That produces confidence; there's power behind it. I myself have since changed jobs. At ABN AMRO, I had impact, but I wanted things to be more concrete, to make an even more concrete difference. I wasn't really into that six years ago.

NJ: An important and surprising insight has been the fact the common interest takes precedence over own interest. At Circl, you saw people set their own interests aside to seek out collaboration. I don't think I have ever worked so hard on a project, but I've never enjoyed one as much either. Everyone got into a certain flow, and that really helps you to progress.
My own attitude has changed too. When I was contracting, the idea was instilled in me that everyone disliked us and we had to fight for our own lives. I don't do that now – I've become more open. So many things work better if we actually collaborate. Be open about your own interests, because then you have your cards on the table.

HH: When I first came to be involved in circularity through Circl, it was a fairly technical and abstract idea – it was about raw materials, protecting sources of materials. The big surprise was the beautiful buildings that you can create off the back of circularity. I remember when the topping out of Circl had been reached and the building was wind and waterproof, I stood with the contractor just to look, and he said, out of the blue, 'Wow, what a beautiful building.' That was really special.
I have learned that you have to just keep going. My attitude is this – if you give that energy, that confidence, it'll repay you. Sometimes you need to be vulnerable and admit that you don't quite know yet. People understand that you're still looking – you do it together.

오른쪽 이미지: 서클, 암스테르담
Image to the right: Circl, Amsterdam

de Architekten Cie.

사례 C
Business Case
공공 자전거 주차시설, 아인트호벤
Bicycle parking facility Eindhoven

클라이언트 : 아인트호벤, ProRail, NS
Client: Municipality of Eindhoven, ProRail, NS

사진| C Bicycle parking facility Eindhoven

순환 건축 Lessons in Circularity

de Architekten Cie.

자전거 주차시설에서
점유 공간으로

프로레일(ProRail)은 네덜란드 전역에 자전거 주차 시설을 확장하고 있으며, 아인트호벤에서는 네덜란드 철도 회사 NS와 지자체와 협력해 자전거 5,000대를 주차할 수 있는 공공시설을 계획하고 있다. Cie.는 기차역 북서쪽에 위치한 주차시설 설계를 맡았고, 역과 가까운 중심가라는 입지를 고려해 추후 시설의 분해와 철거가 용이하도록 했다. 해당 지역은 15~20년 안에 고층 빌딩으로 개발될 가능성이 높기 때문에, 자전거 주차 시설 역시 가까운 미래에 철거될 가능성을 반영한 것이다.

시설 내부는 전적으로 자전거와 이용자 중심으로 설계되었다. 자전거 이용자를 위한 명확한 동선과 쉬운 이용 방법, 그리고 주차 공간을 최적으로 활용하기 위해 출입구를 효율적으로 배치하였다.

From bicycle parking facility to occupied space

ProRail is working to expand bicycle parking facilities across the Netherlands. In Eindhoven, it is working with NS (Dutch Railways) and the Eindhoven local authority to provide parking for 5000 bicycles. de Architekten Cie. was asked to create a design for the new bicycle parking facility on the north-western side of the main railway station. Over the next fifteen to twenty years, the location is expected to see considerable development of high-rise buildings thanks to its central location close to the station. Consequently, the design of the bicycle parking facility also takes into account its dismantling in the not-too-distant future.

On the inside, the facility is designed entirely around the needs of bicycles and cyclists. Clear routes, clarity for users, and smart positioning of entrances and exits for optimal use of the parking space that is available.

de Architekten Cie.

Cie.는 건물이 영원할 필요가 없다는 사실을 이해하고, 비영속성(Impermanence)을 설계에 반영하였다. 이는 세 가지 방식으로 나타난다.

첫째, 옥상을 열린 생활 공간으로 설계하여 공공 공간으로 확장할 수 있도록 했다. 울타리를 제거하는 간단한 작업으로 옥상에 접근할 수 있다.

둘째, Cie.는 클라이언트와 컨트랙터뿐만 아니라 철거 업체와도 협력했다. 철거 업체의 전문 기술 덕분에 건물은 더욱 분해가 쉬워졌고, 철거 후 재사용 방식에 대해서도 초기 단계부터 신중히 계획되었다. 이때 원자재와 제품이 최대한 가치를 유지하도록 함으로써, 이후 신축 프로젝트에 필요한 새로운 원자재를 전적으로 줄일 수도 있다.

마지막으로, 설계 초기 단계부터 재사용 자재를 사용하는 것이 고려되었다. 설계 단계에서 찾은 자재나 부품이 시공 시점에서 사용할 수 있는지 확실하지 않기 때문에 이는 상당히 어려운 작업이다. 다행히 이번 경우에는 클라이언트 측에서 재사용 자재를 제공해 주었다: 아인트호벤 시와 프로레일(ProRail), NS가 각각 포장재와 기둥으로 사용될 레일, 외관 자재로 사용될 단거리용 열차의 창문을 제공해 주었다.

비즈니스 사례

클라이언트인 프로레일(ProRail)과 NS, 아인트호벤 시가 순환적 설계를 선택한 데에는 몇 가지 이유가 있다. 첫째, 순환적 설계로 이루어진 건축물은 자재를 분해해 재사용할 수 있기 때문에 잔존가치가 높다. 둘째, 순환적 설계는 공간 이용에 유연성을 제공한다. 예를 들어, 태양 전지판이 설치된 기존의 옥상도 필요한 경우 옥상 정원 등으로 용도를 쉽게 바꿀 수 있도록 설계된다. 이는 초기 설계 단계부터 이용자들이 옥상에 쉽게 접근할 수 있도록 계획했기 때문에 가능하다. 마지막으로, 이러한 설계는 새로운 설계방식의 프로토타입으로서 추후 클라이언트들의 '매니페스토(Manifesto)'가 되어줄 수 있다.

사례 C Bicycle parking facility Eindhoven

As Architekten Cie. understood that the building would not need to last forever, they incorporated impermanence into the design. This manifests in three ways.

In the first instance, the design offers the opportunity to expand the public space on this side of the station. In the design, access to and the design of the roof is incorporated as occupied space – a set of fences merely needs to be removed to provide access to the roof.

Secondly, de Architekten Cie. not only worked with the client and contractor, but with a demolition firm as well. With its expertise, the building is now much more capable of being dismantled, and reuse after demolition has already been carefully arranged. By ensuring that the raw materials and products retain as much of their value as possible, only a limited amount of new raw materials will need to be obtained for new-build projects.

Finally, the use of used materials was a part of the design process from the very outset. This is quite a difficult task because there is never any certainty that a component found during the design phase will still be available at the time of construction. Thankfully, in this case, the clients were able to provide used materials: the Municipality of Eindhoven had paving materials available, ProRail had rails available that have been used as columns, and NS provided windows from Sprinter trains that were used as façade material.

Business Case

There are a number of reasons for the clients (ProRail, NS, and the Municipality of Eindhoven) to opt for a circular design. Firstly, it provides greater residual value, as the materials can be reused after dismantling. Secondly, the design offers flexibility, as the roof can be made accessible easily, should it be needed. And finally, the design is a prototype for a new way of designing. The latter also makes it into a 'statement' for the future for parties involved.

자전거 주차 시설의 구조 요소로 철도 선로 사용, 아인트호벤
Used railroad tracks as structural elements for the Bicycle parking facility, Eindhoven

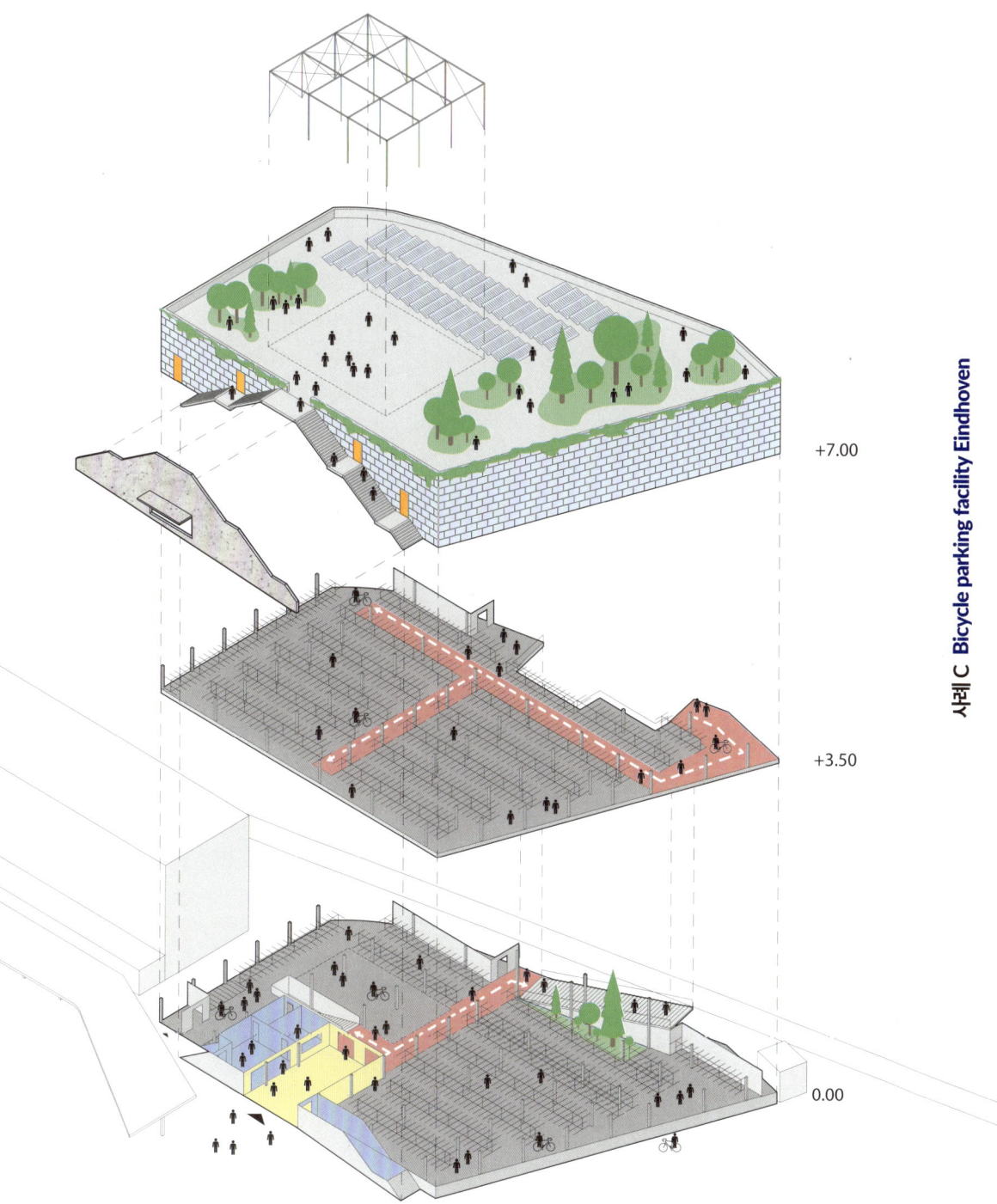

분해도: 아인트호벤의 공공 자전거 주차장
Exploded view Bicycle parking facility Eindhoven

사례 C Bicycle parking facility Eindhoven

순환 건축 Lessons in Circularity

de Architekten Cie.

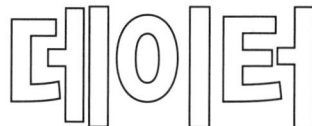

순환 경제를 위해서는 건물이 어떤 재료와 제품으로
구성되어 있는지 아는 것이 중요하다.

For a circular economy, it's important to know
what materials and products are in our buildings

de Architekten Cie.

BIM 모델 없이는 순환 건축이 불가능하다.

Circular construction isn't possible without a BIM model

Andrew Page

'BIM 모델을 사용해야만 이 모든 정보를 한 곳에서 명확하고 현명하게 수집할 수 있다'라고 앤드류 페이지(Andrew Page)는 설명한다. 건축을 전공한 그는 Cie.에서 BIM 관리자로 교육받았다. '메모장을 들고 가서 눈에 보이는 모든 자재와 제품을 직접 기록할 수도 있지만, 그렇게 해서는 충분한 정보를 얻을 수 없을 것이다. 벽 뒤나 건물의 기반이 어떤 상태인지 볼 수 없으며, 시간이 흐르면서 어떤 변화가 생겼는지도 알 수 없다.'

메렐 피트(Merel Pit)

'You can only collect all of this information in one place clearly and smartly with a BIM model,' explains Andrew Page. Educated as an architect, he has trained as a BIM manager at de Architekten Cie. 'You can also go to a building with a notepad and record every material and product that you see, but that will never be comprehensive enough. You can't see what's behind the walls or in the foundation, and you don't know what has happened over time.'

Merel Pit

Data

순환 건축 Lessons in Circularity

건물 정보 모델링
Building Information Modelling

앤드류 페이지는 자동차 산업과 비교해 BIM 모델의 중요성을 설명한다. '자동차의 경우, 공장에서 나왔을 때 어떤 자재와 제품이 사용되었는지 정확하게 알 수 있다. 문제가 발생해서 교체가 필요할 때도 필요한 부품이 무엇인지 정확하게 파악할 수 있다. 이 같은 시스템이 건물에도 적용된다면 최근 지어진 건물이든, 리노베이션을 한 건물이든 상관없이 이상적인 모니터링이 가능할 것이다. 이러한 정보는 교체와 수리를 올바르게 진행하는 데 도움이 되고, 다음 프로젝트에서 자재와 제품을 재사용하는 데에도 도움이 된다.'

BIM은 건물 정보 모델링(Building Information Modelling)의 약자로, 건물의 모든 물리적·기능적 특성을 디지털화한 것이다. BIM은 건물의 최초 설계부터 건설과 관리, 철거까지 건물의 전 생애 주기에 걸쳐 필요한 의사결정에 도움을 주는 정보들이다. BIM을 통해 건물의 모양과 위치, 특성들이 디지털 방식으로 모델링된다.

Andrew Page likes to make a comparison with the automotive industry to explain the importance of a good BIM model. 'When a car leaves the plant, you know exactly what materials and products have been used, as they're clearly detailed. If anything goes wrong and needs to be replaced, you know exactly what part you need. Ideally, the same would also be true for a building, whether it's one that has just been built or has been refurbished. This information helps to ensure proper replacement or repair, but also helps in the reuse of materials and products in a subsequent project.'

Building Information Modelling (BIM) is a digital representation of all physical and functional characteristics of a building. A BIM model is a shared source of knowledge or file of information about the building that serves as a reliable foundation for making decisions about the entire life cycle of the building – from the first design, through construction and management, to demolition. Building elements are digitally modelled – objects with a shape, position, and properties.

건물 정보 모델링
Building Information Modelling

앤드류는 이러한 자재 패스포트(Material Passport)가 순환 건축의 기초가 된다고 주장한다. '우리는 이제 '도시 광산업(Urban Mining[7])'을 통해 재사용할 수 있는 자재를 얻고 있다. 철거를 앞둔 건물을 거닐며 재사용할 수 있는 자재나 제품이 있는지 직접 살펴보고, 철거 시 해당 자재를 더욱 세심하게 분해한다. 건물에 사용된 자재나 제품에 대한 정보를 사전에 알 수 있다면 작업은 더 효율적이고 완벽해질 것이다.'

네덜란드 정부는 2050년까지 완전한 순환 경제로 전환하는 것을 목표로 삼았다. 이를 달성하기 위해서는 모든 건물이 자재 패스포트를 갖는 것이 필수적이고, BIM 모델을 사용하는 것이 유일한 방법이다. '많은 사람이 BIM을 소프트웨어 패키지라고 생각하지만 실제로는 그렇지 않다. BIM은 건물의 모든 물리적·기능적 특성을 디지털로 표현한 것으로, 모든 건설 파트너가 협력하여 3D 모델로 정보를 공유하는 작업 방식을 뜻한다.'

엑셀로 직접 BIM 모델을 만들 수도 있지만, 3D 구성 요소가

7 도시 광산업(Urban Mining): 각종 전자기기 폐기물에서 주요 금속을 추출하는 산업. 이러한 개념의 확장으로 건축계에서는 폐기될 건물에서 재사용 가치가 있는 자재를 수확하는 것을 의미한다.

7 Urban mining is the process of recovering and reusing a city's materials. These materials may come from buildings, infrastructure, or products that have become obsolete (Urban Mining and Circular Construction – What, Why and How It Works, n.d.).

According to Andrew, a material passport is the basis for circular construction. 'We're now getting reusable materials from buildings through 'urban mining[7]'. Shortly before demolition, someone takes a walk through the building to see what can be reused. Then, during demolition, those materials are handled with greater care. It's much more efficient and complete if you have all of the information about the materials and products used beforehand.'

The government has set the target of a fully circular economy by 2050. An essential component of that will be ensuring that every building has a material passport, and the only way to do that is with a BIM model. 'A BIM-model is a representation of the physical and functional characteristics of a building. Many people assume that BIM is a software package, but that's not what it is. BIM stands for Building Information Modelling, a digital representation of all physical and functional characteristics of a building and a working method in which all construction partners work together and share information in 3D model.'

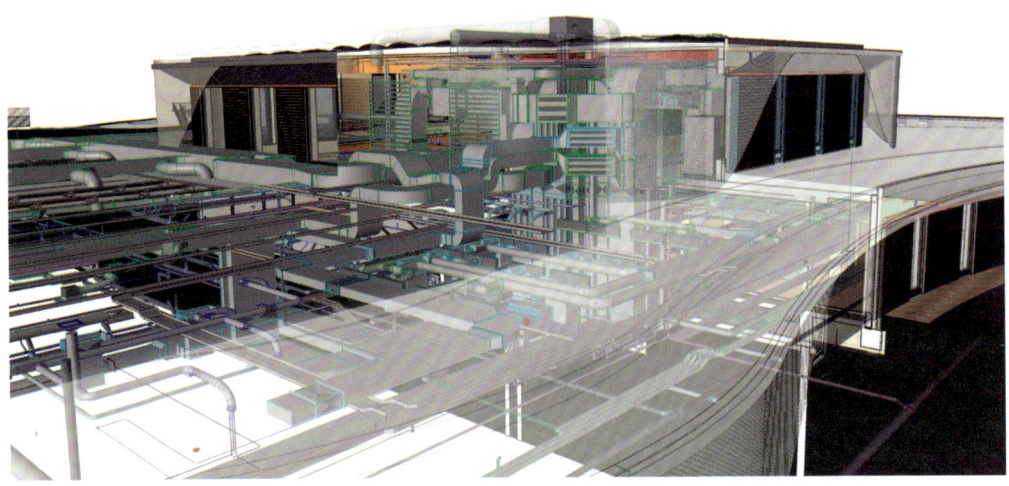

암스테르담 노더파크바드(Noorderparkbad) 수영장의 BIM 모델
BIM model Noorderparkbad, Amsterdam

부족하기 때문에 적절한 모델링 방식이라고 보기 어렵다. 앤드류는 이렇게 설명한다. '건물을 3D로 시뮬레이션하고 시각화함으로써 많은 오류를 피할 수 있다. 다양한 요소들이 결합하는 위치와 방식을 확인할 수 있으며, 나아가 의사소통에 유용한 도구로 사용되기도 한다. 클라이언트와 함께 3D 모델을 검토하며 최종 결과물을 훨씬 더 잘 이해할 수 있다.' 그는 모델링에 레빗(Revit)[8]을 사용하는 것을 선호하지만 아키캐드(Archicad)와 벡터웍스(Vectorworks) 와 같은 소프트웨어 프로그램 또한 대안이 될 수 있다고 말한다. '그뿐만 아니라 오늘날에는 스케치업(Sketch-up) 에서 자신만의 BIM 모델을 구성하는 것이 가능하다.'

그러나 그는 모델링이 BIM 모델 작업의 끝이 아니라고 설명한다. '건물이 완공된 후에 변경 사항이 생길 경우에도, BIM 모델에 변경된 사항을 추가로 입력하는 작업을 진행해야 한다. 예를 들면, 창틀의 페인트 색상을 변경하는 사소한 것들까지 모든 수정 사항을 입력해야 한다. 그렇게 함으로써 건물의 현재 및 미래의 소유주가 건물에 대한 정보를 정확하게 파악할 수 있고, 추후 특정 요소의 교체 시기나 건물이 철거될 경우 재사용할 수 있는 자재 및 제품에

8 레빗(Revit): 건축가, 조경 건축가, 구조 엔지니어, 기계, 전기 및 배관 엔지니어, 설계자 및 계약자를 위한 건축 정보 모델링 소프트웨어.

8 Autodesk Revit is a building information modelling software for architects, landscape architects, structural engineers, mechanical, electrical, and plumbing (MEP) engineers, designers and contractors (Autodesk Revit - Wikipedia, 2012).

Considered this way, you could create a BIM model yourself in Excel, but that would lack the 3D component, which offers a number of benefits. Andrew continues, 'By simulating and visualizing the building in 3D, you can avoid a good many errors. You can also see where and how different building elements come together. In addition, it is also a useful tool for communicating. Being a 3D model, you can go through it virtually with your client, giving you a much better impression of the end result.' Andrew prefers to use the Revit[8] software program for modelling, but alternatives such as Archicad and Vectorworks are also available. 'Plus today, you can also construct your own BIM model in Sketch-up.'

Once delivery is complete, it's not the end of the BIM model, explains Andrew. 'Anyone who makes changes to the building should then use the BIM model as a notebook. Every modification that is made, even if it's just a new colour of paint on the window frames, should be entered into it. That way, the current and future owner of the building will know exactly what's in the building. They can then assess

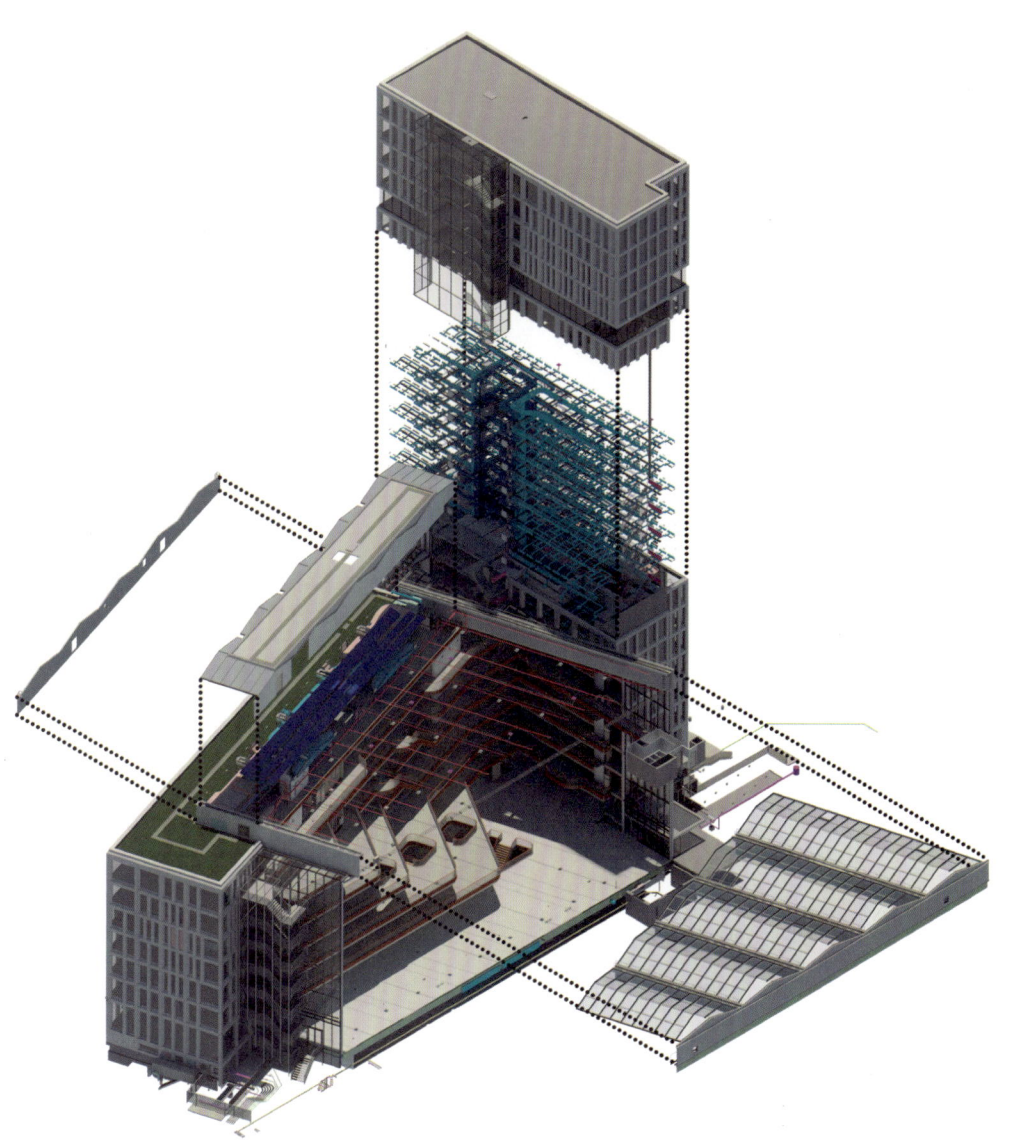

암스테르담 응용 과학 대학교의 BIM 모델
BIM model Hogeschool van Amsterdam

대한 평가도 진행할 수 있다. 더 나아가 BIM을 통해 건물을 더욱 효율적으로 관리하고, 유지하는 것이 가능하다. 간단히 말해, BIM 모델 없이는 순환 건축이 불가능하다.'

when certain elements are due for replacement and what materials and products can be reused if the building is demolished. A BIM can even make management and maintenance of a building more efficient. In a nutshell, it's impossible to have a circular building without a BIM model.'

사례 D
Business Case
빌딩 패스포트
The Building Passport

클라이언트: 드 아키텍튼 씨
Client: de Architekten Cie.

시설관리를 위한
디지털 트윈

Cie.는 서클(Circl) 프로젝트를 진행하면서 건물이 설계되고, 시공 단계를 거쳐 클라이언트에게 최종 인계되는 과정 중에 의도치 않은 간극이 발생하는 것을 알게 됐다. 이로 인해, 건물 소유자나 시설 관리자는 건물을 처음부터 다시 파악해야 했는데 이것은 단순히 두 번 일을 해야 한다는 것뿐만 아니라 소중한 정보의 손실을 의미한다. 우리는 이러한 경험을 토대로, 불필요한 반복에 따른 손실을 방지하기 위한 건물의 디지털 트윈인 빌딩 패스포트(The Building Passport)를 개발했다.

순환 건축은 건물의 수명 동안 재사용 자재와 제품을 이용해서 가능한 적은 원자재를 사용하고, 이러한 요소들이 다시 재사용될 수 있도록 적절하게 관리하는 것을 의미한다. 이때 설계 단계에서 축적된 상당한 양의 순환 지식이 건물이 완공된 후 건물 관리자나 책임자들에게 손실 없이 전달되는 것이 필수적이다. 빌딩 패스포트는 이 모든 정보를 보관하는 역할을 한다.

빌딩 패스포트는 BIM 모델을 기반으로 한 건물의 디지털 트윈이다. 이 가상의 3D 모델은 실제 건물을 건설하거나 리노베이션 하면서 사용한 모든 자재와 제품에 관한 정보를 포함하며, 완공 후에는 클라이언트의 요청에 따라 정보를 개별적으로 추가하는 방식으로 운영된다. 건물을 구성하는 각 요소의 특성, 청소·관리 지침 및 예상 수명에 대한 모든 정보를 포함하고, 이를 통해 철거를 앞둔 건물의 자재를 효율적으로 재사용할 수 있다.

Digital twin for facility management

During development of Circl, de Architekten Cie. noticed the gap between the design and construction phase of the building, and the life of the building after delivery. As a result, the owner and/or facility manager must get to know the building again from scratch. This not only means twice the work, but also the loss of precious information. As a response, de Architekten Cie. has developed a digital twin – The Building Passport.

Circularity also means using as few raw materials as possible by opting for reuse and facilitating reuse throughout the service life of the building. A vast quantity of circular knowledge is amassed during the design phase. It is essential that this knowledge is passed on to those who are ultimately responsible for management once construction is complete. This information is now retained in The Building Passport.

This is a digital twin of the building, based on the BIM model, which is already created during the design process. This virtual, three-dimensional representation includes everything that is needed to construct or renovate the building. For the phase following construction, de Architekten Cie. adds information based on the needs of the client. This could include the properties of individual elements, so that the elements can be reused more easily during dismantling, as well as cleaning instructions, or the intended service life.

사례 D **Building passport**

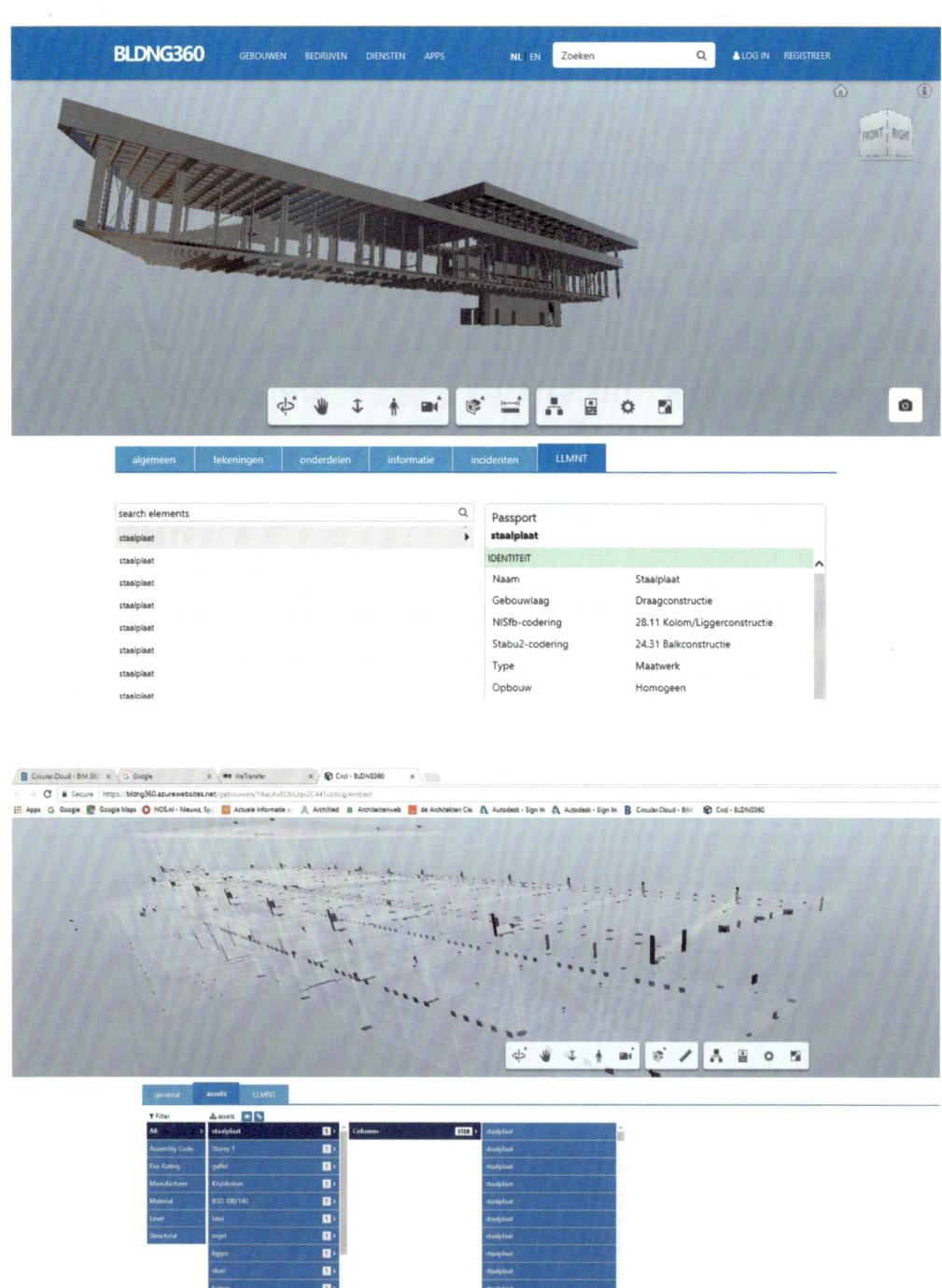

서클의 빌딩 패스포트
Building passport Circl

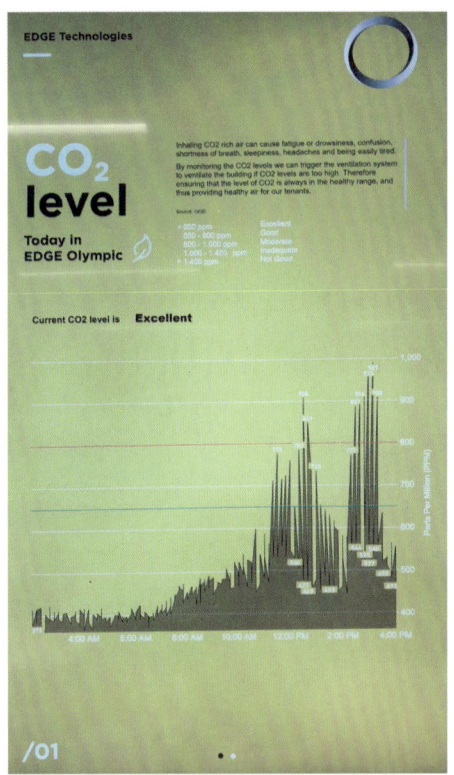

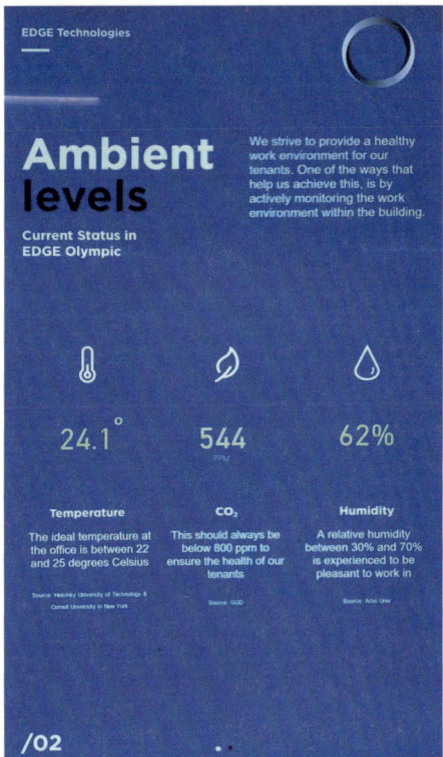

앞서 언급한 것처럼 빌딩 패스포트는 자동차에 빗대어 더 쉽게 설명될 수 있다. 우리는 자동차 정비 이력을 보고 구동 벨트를 몇 킬로미터 후에 교체해야 하는지, 브레이크를 언제 점검해야 하는지 같은 세부 정보를 확인할 수 있다. 또한 완료된 수리나 보수 정보들도 빠짐없이 기록되기 때문에, 자동차에 대해서 소비자가 안정성을 느낄 수 있고, 나아가 해당 자동차의 구매율을 높이는 데도 영향을 미친다. 같은 원리로 빌딩 패스포트 역시 건물에 대해 더 높은 잔존가치를 보장한다.

빌딩 패스포트 아직 개발 단계에 있고, 어떻게 입법화되어야 하는지 불분명하지만, 디지털 모델을 만드는 방법과 이용할 수 있는 정보에 관해서는 이미 여러 버전이 존재한다. 이상적인 빌딩 패스포트는 각 단계에서 중요한 정보를 하나의 모델에 저장하여 설계와 건설, 실사용자 간의 가교 역할을 한다. 이는 건물을 전체 수명 주기 관점에서 더욱 체계적으로 관리할 수 있도록 돕는다.

비즈니스 사례

빌딩 패스포트는 클라이언트에 따라 다양한 방식으로 활용된다. 서클(Circl)의 클라이언트였던 ABN AMRO 은행은 건물 유지와 관리 상태를 기록하는 용도로 빌딩 패스포트를 활용하여 건물의 잔존 가치를 높이고 있다. 또한, 개발사인 EDGE 테크놀로지스는 건물을 다채롭게 사용하고 관리하는데 빌딩 패스포트 시스템을 활용하고 있다. 마지막으로 네덜란드 중앙정부 부동산 행정기관은 재사용을 용이하게 하는 것을 목적으로 빌딩 패스포트에 건물의 부품 속성을 정의하는 데 중점을 두고 있다.

EDGE 올림픽의 온도, 이산화탄소 배출현황 및 습도에 대한 실시간 데이터 표시 화면

Displays in EDGE Olympic with real time data on temperature, CO_2 production and humidity

The Building Passport could be compared with the service history of a vehicle, which has details such as after how many kilometres the drive belt should be replaced or when the brakes should be checked. In addition, it can also be used to record the repairs and maintenance that have been completed. This overview gives a clear picture of the materials and products that are in the vehicle. The benefit of this is that the car is more saleable, as the new owner is unlikely to encounter any surprises. In the same way, The Building Passport ensures a higher residual value.

How The Building Passport should be formulated in legislation remains unclear and is still being developed. There are currently a number of versions of how the digital model can be populated – too many – and which information is available. Ideally, The Building Passport would act as a bridge between the design, construction, and use, with valuable information from each phase, and those involved, stored in a single model, thus making the building's entire service life accessible.

Business Case

The Building Passport is used by clients in different ways. For ABN AMRO, the client for Circl, The Building Passport offers a method of recording the state of maintenance in order to ensure a higher residual value. For developer EDGE Technologies, The Building Passport is the basis for dynamic use and management of a building. Finally, the Netherlands Central Government Real Estate Agency was primarily concerned with defining the properties of elements in The Building Passport in order to facilitate reuse.

de Architekten Cie.

5.

비즈니스 사례

'순환성은 실행을 통해
배우는 것이다'

Business
Cases

'Circularity is
 learning by doing'

사례 E
Business Case
갈릴레오 종합자료센터, 노드와이크
Galileo Reference Center, Noordwijk

클라이언트: 네덜란드 중앙정부 부동산청
Client Netherlands Central Government Real Estate Agency

de Architekten Cie.

소통을 통한 혁신

갈릴레오 종합자료센터는 갈릴레오 위성 항법 시스템 사무실을 위해 네덜란드 노드와이크 지역에 시공 중인 신축 프로젝트이다. Cie.는 네덜란드 중앙정부 부동산 청과 녹색건축위원회를 대신해서 건물의 해체가 설계의 일부로 지속가능성을 인증 받을 수 있는 방법을 조사했고, 이를 해결하기 위해 건물을 더욱 효율적으로 해체하는 방법을 개발했다.

2층 높이에 긴 확장형 구조를 가진 갈릴레오 종합자료센터의 파사드는 수평성을 강조한 카세트 파사드 시스템[9]으로, 사면이 둘러싸여 있으며, 각 카세트는 파사드의 내부와 외부 기능에 따라 투명과 반투명, 폐쇄형 3가지 유형으로 분류된다.

재료 선택에서 '재사용'이 주요 고려 사항이었던 만큼 Cie.는 철거 후 부품을 효율적으로 재사용할 수 있는 건물의 분해 방식을 사전에 살펴보았다. 그 결과, 목재 지지 구조를 기반으로 한 설계가 선정되었고, 건물의 하중이 비교적 가벼운 목재 구조의 특성 덕분에 모래 위에 건물의 토대를 올릴 수 있었다[10].

[9] 카세트 파사드 시스템(Cassette Façade System): 현대적이고 평평한 외관을 제공하는 혁신적인 파사드 솔루션. 카세트는 일반적으로 쉽게 설치하거나 제거할 수 있는 평평한 케이스 또는 카트리지를 뜻하며, 파사드에 이용 시 손상 없이 제거할 수 있기 때문에 재사용이 가능하다.

[10] 이는 땅에 가해지는 압력을 덜 수 있으며, 지반 침하 등의 문제가 큰 네덜란드에서는 더욱 중요하게 여겨진다.

Innovate
with connections

The Galileo Reference Center is a new-build project in Noordwijk, the Netherlands, accommodating the offices of the Galileo satellite navigation system. An investigation was carried out on behalf of the Netherlands Central Government Real Estate Agency and the Green Building Council to determine how dismantling of the building could be incorporated into the design and sustainability certification. To support this, de Architekten Cie. developed the releasability tool.

The Galileo Reference Center is an elongated construction volume with two storeys and fitted with a cassette façade system[9] on all sides with a horizontal articulation. There are three types of cassette: transparent, translucent, and closed, with each façade linked to the function on the inside and on the outside.

Reuse was a key consideration in the choice of materials. Consequently, the design features a timber bearing structure, limiting the overall weight of the building; the volume is situated on a foundation of sand. In addition, preliminary investigations also looked at how the building could be dismantled to allow disassembled components to be reused[10].

9 Cassette façade system provides a modern and flat appearance. A cassette typically refers to a flat case or cartridge that can be easily installed or removed and is reusable because it can be removed without damage when used in a facade.

10 It reduces ground pressure and is essential in the Netherlands, where subsidence is a major problem.

During construction

건물을 효율적으로 분해하고 철거하는 것은 충분히 가능하지만, 오늘날 지속가능성의 척도에는 포함되어 있지 않다. 즉, '건물이 분해될 수 있는 정도'는 아직 지속가능성 점수로 환산되어 평가되지 않는다는 것이다. 그러나 새로운 건축 자재를 사용하는 것이 이산화탄소 배출량을 크게 늘리는 만큼, 기존 건축물을 분해하여 자재와 부품을 재사용하는 것이 우선돼야 한다.

이에 따라 Cie.는 건물이 어느 정도까지 분해될 수 있는지, 요소마다 어떻게 지속가능성 점수가 부여될 수 있는지 조사했다. 조사는 파사드를 중심으로 각 자재의 다양한 부착 방식에 따라 점수를 매기는 방식으로 비교적 간단히 이뤄졌다. 예를 들어, 건식 부착물은 풀이나 본드 같은 습식 부착물보다 분해가 더 쉽기 때문에 더 높은 점수를 받았다. 또한 파사드가 내벽과 같은 요소들과 접촉하는 위치 등 예외적인 사항들도 살펴보았다.

이 조사를 바탕으로 Cie.는 지속가능성 부문의 고문을 맡고 있는 알바 컨셉트(Alba Concepts)와 협력하여 해체 가능성 평가 도구를 개발했다. 이 도구를 사용하면 건물 내외의 요소마다 해체 능력에 점수를 할당할 수 있고, 앞으로 인증과 법률 분야에서 순환 건축의 측면들을 반영할 수 있다. 이는 폐기물 없는 건설 산업으로 한 걸음 더 나아가게 할 것이다.

비즈니스 사례

갈릴레오 종합자료센터의 설계를 의뢰한 네덜란드 중앙정부 부동산청은 부동산 1,200만m^2(약 363만 평)을 보유하고 있다. 정부는 이러한 자산을 보다 지속 가능하고 순환적으로 관리하기 위해 방안을 강구하고 있다. 정부는 건물을 쉽게 분해하는 방식 등 수많은 실험과 프로젝트를 진행하며 가장 효과적인 방법을 찾기 위해 노력하고 있다.

It is a sustainable aim, but the current sustainability labels do not pay sufficient attention to the extent to which a building can be dismantled. This is not accounted for in the sustainability score, whereas the use of new construction materials accounts for a high proportion of CO_2 emissions, thus making the reuse of elements the preferred option.

As such, de Architekten Cie. began an investigation into the extent to which the building could be dismantled, and the sustainability scores that could be associated with it as a result. The focus was on the façade. It was relatively straightforward to associate a score with each of the different materials based on the type of attachment. Dry attachments achieve a higher score than wet attachments, such as glue and adhesive, as they are easy to dismantle. de Architekten Cie. also looked at the exceptions – the locations where other elements, such as walls, come into contact with the façade.

This investigation produced a releasability tool, developed by de Architekten Cie. in co-operation with Alba Concepts. The tool allows a score to be assigned to the dismantling capability of individual building elements, thus making it possible to incorporate this aspect of circular construction into certification and legislation in the future. It represents another step towards a construction world that is free of waste.

Business Case

The Netherlands Central Government Real Estate Agency, client for the Galileo Reference Center, manages a property portfolio of 12 million m². The government is committed to making all of its property more sustainable and circular. To investigate the most effective way of making this possible, the Agency is conducting experiments and pilots, including the releasability tool.

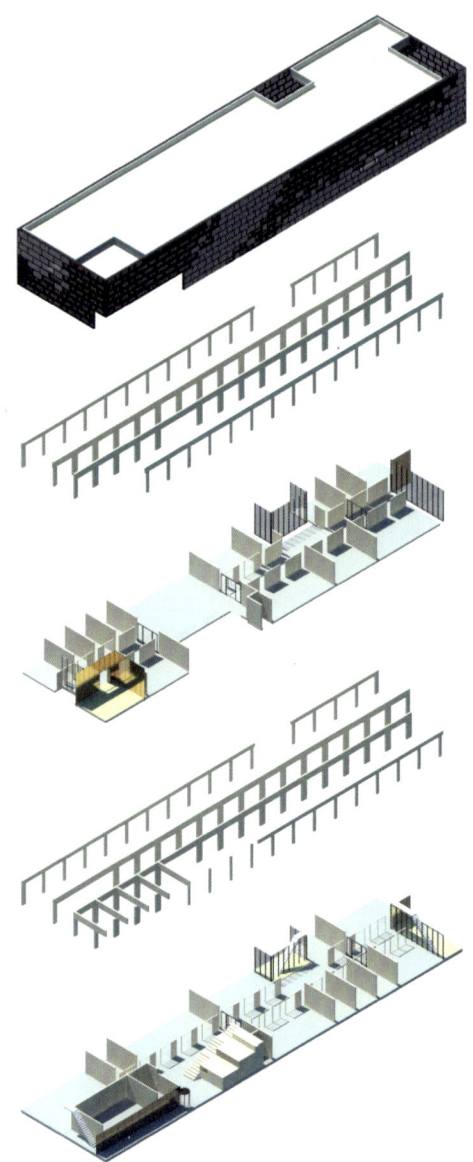

갈릴레오 종합자료센터 분해도
Exploded view Galileo Reference Center

갈릴레오 종합자료센터 단면도
Cross section Galileo Reference Center

사례 E **Galileo Reference Center**

인테리어: 갈릴레오 참조 센터
Interior Galileo Reference Center

순환 건축 **Lessons in Circularity**

de Architekten Cie.

사례 F
Business Case
윈클로브 프로바이오틱스, 암스테르담
Winclove Probiotics

클라이언트: 윈클로브 프로바이오틱스
Client: Winclove Probiotics

순환 건축 Lessons in Circularity

de Architekten Cie.

가족 기업을 위한 지속가능성 극대화

윈클로브 프로바이오틱스(Winclove Probiotics)는 건강에 도움이 되는 활생균을 연구, 개발하고, 관련 제품을 생산하는 기업이다. 이 가족 기업은 사업 규모가 커지면서 Cie.에게 기존 건물을 대체할 본사 건물을 최대한 지속 가능하게 설계해달라고 의뢰했다.

이러한 요청에 따라 Cie.는 암스테르담 북부 지역에 윈클로브 프로바이오틱스 공장을 비롯해 실험실과 사무실, 접수 공간 등을 모두 포함한 6,000m²(약 1,800평) 규모의 건물을 설계했다. 건물 옥상에는 넓은 정원을 두었고, 건물 안으로는 자연광이 충분하게 들어오며, 각 층이 주요한 계단들로 연결될 수 있도록 설계하였다.

건강하고, 지속 가능한 느낌을 주기 위해 건물 지붕과 파사드는 푸른 녹음으로 마감하였다. 그러나 윈클로브는 여기서 멈추지 않았다. 윈클로브는 겉으로 보이는 부분뿐만 아니라 보이지 않는 최대한 지속 가능하게 설계되기를 원했고, 결국 골조 바닥 역시 나무와 같은 지속 가능한 자재로 시공하기로 했다.

Maximum sustainability for a family business

Winclove Probiotics researches, develops, and produces products to strengthen people's health. This involves the use of good bacteria – living food ingredients that contribute positively to a healthy body. de Architekten Cie. was asked by the family business to design as healthy a building as possible to replace the existing building, which the business had outgrown.

de Architekten Cie. developed a 6,000 m² building for Winclove Probiotics in the Amsterdam Noord district, incorporating factory space, a laboratory, offices, and a reception area. A spacious rooftop garden was included on the roof. The building lets in plenty of light. In addition, prominent staircases help to link the different floors of the building.

Green has been used in façades and on the roof to give the building a healthy, sustainable appearance. Still, Winclove was looking for more. Concealed elements of the building have been designed to be as sustainable as possible – including the floors, which have been made from wood – which is as sustainable as it comes.

인테리어: 윈클로브 프로바이오틱스
Interior Winclove Probiotics

바닥을 목재로 시공하는 것은 지속 가능한 선택지이지만, 비용이 크게 드는 데 반해 완공 후에는 마감재에 덮여 드러나지 않는다는 한계가 있다. 그럼에도 불구하고 윈클로브는 목재 시공을 선택하며, 지속 가능한 것처럼 보이는 건물이 아닌 본질적으로 지속 가능한 건물을 짓기 위한 추가적인 비용을 마다하지 않았다.

이러한 결정은 클라이언트 측에서 건물 자금을 직접 조달하고, 공사를 주선했기 때문에 가능했다. 또한, 가족 기업이라는 점에서 더욱 장기적인 관점으로 10년, 20년, 30년에 걸쳐 일반적인 투자보다 훨씬 더 긴 기간 동안 투자를 분산할 수 있었다.

이와 같은 헌신적인 클라이언트는 설계 과정에서 더 깊이 생각하고, 발전할 기회를 준다. Cie.는 설계 과정의 일환으로 건물의 디지털 트윈인 BIM 모델을 제작하였고, 이를 통해 건물 관리와 같이 설계 과정 이후 중요한 측면들에 대해서도 인사이트를 제공할 수 있도록 했다.

그러나 설계 도중 특정한 문제들에 직면하기도 했다. 예를 들어, 지속가능성을 고려해 생산 환경과 실험실을 설계했지만, 현재의 건축법규는 지속가능성이 적용되어 있지 않아 우리의 설계는 건축법을 통과하는데 어려움을 겪었다. 현재의 건축법은 지속성이 없는 기존 재료들을 사용하는 데 초점이 맞춰져 있었고, 따라서 지속가능한 재료를 사용하여 건축법을 통과하기에는 요구사항들이 너무나 엄격했다.

이런 문제들은 일반적으로 설계 과정에서 두드러지지 않지만, 완전한 지속가능성을 추구하는 윈클로브의 헌신적인 태도 덕분에 수면 위로 드러날 수 있었다. 덕분에 Cie.는 순환 건축에 대해 더 깊이 연구하고, 이를 발전시킬 기회를 가질 수 있었다.

비즈니스 사례

윈클로브(Winclove)는 단지 웰빙과 건강에 기여하는 제품을 개발하는 데 그치지 않고 원자재 사용을 최소화한 순환적인 건물을 건설함으로써 흐름에 앞장서는 세계 최고의 기업이 되고자 한다. 이처럼 건물은 클라이언트의 비전을 가시화하는 수단이기도 하다.

Wood is also the most expensive option, and after delivery, the floors are no longer visible – nevertheless, it was what Winclove opted for. The business wanted more than just to appear sustainable, and was fully prepared to pay extra for a fully sustainable building.

These decisions were possible as the client financed the building itself and arranged construction. Investments can also be spread out over a longer term than the typical 10, 20, or 30 years.

A committed client like this opens up opportunity to think and develop in more depth. As part of the design process, de Architekten Cie. created a BIM model, the digital twin of the actual building to provide insight into aspects that are relevant after the design process, such as building management.

At the same time, the client and de Architekten Cie. ran into specific problems that were caused by the sustainability ambitions. The legislation regarding production environments and laboratories, for example, has not been sufficiently adapted to account for sustainable construction. The requirements are too strict and focused on non-sustainable materials.

Without a client as committed as Winclove, these two issues would not have been highlighted during the design process, but as they were, de Architekten Cie. had the opportunity to go deeper into and further develop circular construction.

윈클로브 프로바이오틱스의 분해도
Exploded view Winclove Probiotics

Business Case

Winclove wants to be the best business for the world – not just by developing products that help boost well-being and health, but with a circular building that keeps virgin materials utilization to a minimum. Furthermore, for the client, the building is also a means of making the vision tangible for customers.

윈클로브 프로바이오틱스의 지상층 도면
Ground floor Winclove Probiotics

윈클로브 프로바이오틱스의 단면도
Section Winclove Probiotics

사례 G
Business Case
스판서 간척지구, 로테르담
Spaanse Polder

클라이언트: 스히담 시
Client: Municipality Schiedam

de Architekten Cie.

Lessons in Circularity

Spaanse Polder & 's-Graveland

de Architekten Cie.

기존의 건물을 어떻게 지속 가능하게 만드는가?

스흐라브란드 간척지구('s-Gravelandse Polder)는 로테르담(Rotterdam[11]) 근교에 위치한 대규모 상업 구역으로, 부지의 상당 부분이 스히담 지방 정부에 속해 있다. 해당 부지의 임대 만료 시점이 다가오면서 스히담 지방 정부는 대규모 지속가능성 프로젝트를 구상하기 시작했고, Cie.와 알바 컨셉트(Alba Concepts)에게 방안을 모색해달라고 요청했다.

스히담 지방 정부는 야심 찬 목표를 설정했다. 이들은 스흐라브란드를 네덜란드에서 가장 지속 가능한 상업지구로 만들고자 했다. 이를 위해 지방 정부는 기존 건물의 대규모 철거를 감행하더라도 이후 임대차 계약에 지속가능성 규율을 엄격하게 적용하는 방안을 추진하고자 했다. 그러나 해당 지역 내 모든 기업이 이러한 혁신을 바라거나, 새로운 건물을 짓기 위한 자금을 확보했다고 보기 어려웠다. 또한 철거는 항상 필수적인 것도, 리노베이션보다 지속 가능한 대안도 아니다.

[11] 로테르담(Rotterdam): 네덜란드 서부, 라인강과 마스강 하구에 있는 유럽 최대의 항구 도시.

How do you make existing premises sustainable?

's-Gravelandse Polder is a large, existing business park in the shadow of Rotterdam[11], although a large chunk of the site is under the Schiedam local authority. For the local authority, the expiring ground lease on the site is good cause to focus on substantial sustainability. The local authority asked de Architekten Cie. and Alba Concepts to look at how this could be achieved.

The Schiedam local authority is aiming high. The 's-Gravelandse Polder will ultimately be the most sustainable business park in the Netherlands. The local authority felt that one way to achieve this aim would be to attach stringent sustainability requirements to new leaseholds, even though this would lead to significant demolition of existing buildings. Not all business in the area are prepared to wait for this to happen, or have the money for the new build. Demolition is not always necessary or more sustainable than renovation.

사진 G Spaanse Polder

11 Rotterdam is a major port city in the Dutch province of South Holland. The city is located on the river Nieuwe Maasa, which is fed by water from the Rhine (Rotterdam - Wikipedia, n.d.).

이러한 점을 염두에 두고, Cie. 와 알바 컨셉츠는 대안적인 방법을 개발했다. 네델란드에서 가장 지속 가능한 상업지구를 만들고자 하는 지방 정부의 야심 찬 목표에 기존 환경을 고려하는 접근 방식을 접목한 것이다. 주어진 환경에서 지속가능성을 개선하기 위해서 무엇이 필요할까? 이러한 접근은 맞춤화(Customization)와 혁신을 요구한다. 기존의 방법으로는 다양한 범위와 관련한 세부적인 측정 요소들을 처리하기 어렵다. 적절한 방식은 건물과 지역, 지구, 예를 들면 지속 가능한 거리와 조명 등 총 세 가지 범위에서 고려하는 것이다.

그러나 여기에는 또 다른 문제가 존재한다. 지방 정부는 이론적으로 도달할 수 있는 지속가능성의 최대치를 원하지만, 이는 해당 지역의 모든 기업이 건물을 새로 짓는다는 가정하에서만 가능하다는 것이다. 숭고한 목표로 보일 수 있지만, 신축 프로젝트는 환경에 굉장히 해롭다.

따라서 건물이 각 소유주와 대지 및 건물 자체에 제공하는 지속 가능한 선택지를 살펴보면서 향후 개발을 계획하거나 패스포트를 만들 수 있다. 이러한 관점에서, 리노베이션은 건물을 철거하고 새로 짓는 것보다 더 유리하다. 게다가 창고 같은 기능을 수행하는 건물은 대규모의 리노베이션이나 철거가 오히려 불필요한 낭비가 될 수 있다.

이를 제대로 평가하기 위해서 기존의 측정 방식을 기반으로 디지털 계산 모듈을 개발하였다. 이 GPR 도시 계획 모듈은 건물을 에너지, 환경, 건강, 사용 품질, 미래 가치 등 총 다섯 가지 카테고리로 분류하고 점수를 계산한다. 이후 모듈의 창시자인 W/E 어드바이저(W/E Adviseurs)와 협의해 GPR 테스트에 '순환' 카테고리를 추가하고 수정, 보완하였다.

이제 건물의 분해 가능성은 지속가능성 점수에 명확하게 포함되어, 효율적으로 분해할 수 있는 건물이 철거 시 모든 자재를 폐기해야 하는 건물보다 더 높은 점수를 얻게 되었다. 이처럼 해당 지역의 지속가능성이 개선되면, 건물 철거에 대한 인기는 줄어들 것이다. 마지막으로 Cie.와 알바 컨셉츠는 자재 패스포트 (Material Passport) 시스템을 제안했다. 이는 구축과 신축 건물 모두에 적용될 수 있고, 건물이 어떤 요소로 구성되어 있는지 정확히 파악할 수 있기 때문에, 향후 자재의 재사용과 리노베이션 가능 여부도 쉽게 판단할 수 있다.

Together with Alba Concepts, de Architekten Cie. has developed an alternative: an approach that is not only based on the aim of creating the most sustainable business park in the country, but one that considers what is already there. In what way can you achieve smart sustainability with the existing situation as a basis? The approach demands customization and innovation. Existing methodologies are unable to cope with the different scale levels and accompanying detailing of measures. The methodology needs to consider three scale levels – area, district (e.g. sustainable streets and lighting), and building level.

However, there's another problem. The local authority wants to achieve the maximum that is achievable, which is only possible if every business goes down the route of new build. It might seem like a noble objective, but new-build projects are as such harmful to the environment.

By looking at the options that the old building offers for sustainability for each owner, plot, and building, it is possible to create a plan or passport for future development. In that regard, renovation can, in the longer term, have a more favourable effect than demolition and new build. Moreover, for some functions, such as storage, a comprehensive renovation or demolition are not even needed.

To be able to assess this properly, a digital computation module was developed on the basis of existing methodology – the GPR urban planning module. This assigns a score to a building in five categories: energy, environment, health, quality of use, and future value. In liaison with W/E Adviseurs (the creators of the GPR test), the GPR test has been modified and supplemented to include circular categories.

The dismantling capability of a building is now explicitly included in the sustainability score, which means that a building that can be effectively dismantled attains a higher score than a building whose materials must all be disposed of during demolition. This will mean that demolition will become a less

비즈니스 사례

네덜란드를 포함한 유럽 국가들은 기존 상업지구의 지속가능성 증진을 법적으로 명시하고 있다. 또한, 스히담 지방 정부는 스흐라브란드 간척지구의 토지 소유주로서, 기존의 임차인과 임대인이 지속가능성을 높이도록 장려할 수 있다. 나아가 이러한 순환성은 새로운 사업을 유치하고, 기후 변화에 대응하며, 상업지구를 보다 미래 지향적으로 만든다.

popular option when sustainability in the area is increased.
Finally, de Architekten Cie. and Alba Concepts proposed a material passport. By defining which components a building – whether existing or new-build – is composed of, it will be much easier to determine whether reuse or renovation are possible in the future.

Business Case

European and domestic legislation stipulates that existing business parks must increase their sustainability. The Schiedam local authority owns land in 's-Gravelandse Polder, giving it the power to encourage existing tenants and leaseholders to increase sustainability. In addition, circularity offers opportunity to attract new businesses, to respond to climate change, and to make business parks more future-proof.

de Architekten Cie.

사례 H
Business Case
EDGE 암스테르담 웨스트, 암스테르담
EDGE Amsterdam West

클라이언트: EDGE 테크놀로지스
Client: EDGE Technologies

de Architekten Cie.

사례 H Edge Amsterdam-West

순환 건축 Lessons in Circularity

1970년부터
2020년에 이르기까지

부동산 디벨로퍼인 EDGE 테크놀로지스는 그들의 프로젝트가 이산화탄소 배출 감소, 에너지 절약 및 폐기물 감량에 기여하고, 신중하게 설계된 기술과 디자인이 건강과 생산성을 증진하며, 질병으로 인한 결근을 예방할 것이라고 믿는다. Cie.는 이러한 EDGE의 철학을 반영하여 암스테르담 서부에 위치한 EDGE의 1970년대 사무실 건물을 현대적이고 지속 가능한 48,000m² 규모의 사무실로 탈바꿈시켰다.

이에 따라 건물은 전면적인 리노베이션을 거쳤다. 특히 이전에는 사용되지 않았던 중정이 현재는 화려한 유리 천장으로 덮여 건물의 새로운 중심이 되었다. 또한 기존의 외벽들을 부분적으로 제거해서 사무공간에 가능한 많은 채광이 들일 수 있도록 개조했다. 건물의 중심인 아트리움은 지상층의 테라스와 최상층의 개방형 갤러리 덕분에 건물 나머지 부분과도 자연스럽게 조화를 이룬다.

From 1970 to 2020

Developer EDGE Technologies seeks to use its projects to contribute to a reduction in CO_2 emissions, an increase in energy savings, and a reduction in waste. In addition, it also believes that use of technology and carefully considered design can contribute to health and productivity and help to prevent absence due to illness. In Amsterdam West, de Architekten Cie., working on behalf of EDGE, transformed the EDGE Amsterdam West office building from the 1970s into a fully improved and sustainable office covering 48,000 m².

EDGE Amsterdam West has had a far-reaching makeover. One of the most striking aspects is the previously unused courtyard, which has been covered with a spectacular glass canopy and which now serves as the new heart of the building. All former external façades overlooking this new atrium have been stripped and reshaped in order to bring as much daylight into the workspace as possible. The atrium has been integrated into the life of the rest of the building thanks to additional terraces on the first floor and an open gallery on the top floor.

de Architekten Cie.

공사가 진행 중인 내부
During construction

이러한 융합은 아트리움 내외로 탁월한 공간감을 선사하면서, 직원들을 위한 편안한 회의 공간을 추가로 마련해 주었다.

아트리움 주변에 추가로 설치된 총 8개의 채광창은 자연광이 건물 내부로 더욱 깊숙하게 파고들 수 있는 역할을 하며, 건물의 외벽 또한 더 많은 채광을 들이기 위해서 더욱 넓은 창문으로 개조되었다.

'건강한 건물'에 관한 개념은 1970년부터 크게 변화해 왔다. 이는 EDGE 암스테르담 웨스트 건물에서도 계단의 역할 변화를 통해 뚜렷하게 나타난다. 이제 엘리베이터는 눈에 띄지 않는 곳에 배치되었고, 계단이 건물 중앙에서 매력을 뽐내며 직원들이 쉽게 움직이고, 더욱 활발하게 서로를 마주할 수 있도록 기능한다.

새로운 돔 형태의 지붕도 지속가능성을 추구하는 건물에서 중요한 역할을 한다. 고품질의 유리 시공으로 최적화된 건물의 중심부는 에너지 소비를 극적으로 줄였다. 또한 건물은 축열 시스템과 태양열 집열판, 공기 및 물 열 펌프를 활용해 자체적으로 에너지를 생산하고 있다.

비즈니스 사례

EDGE 디벨로퍼는 건물의 소유주이자 관리자로서, 재사용이 더 지속 가능한 방향이라고 판단하고 건물을 새로 짓는 대신 건물을 최대한 유지하면서 리노베이션했다. 지속 가능한 디자인은 사람들과 기업의 마음을 사로잡고, 그곳에서 일하는 사람들을 즐겁게 만든다. 따라서 이러한 설계는 클라이언트에게 독특한 건축물과 함께 궁극적으로 최대한의 임대 수익과 높은 잔존 가치를 제공한다.

This has given work in or overlooking the atrium an added dimension, plus there are now additional meeting spaces for employees.

Eight new light wells in other locations also allow daylight to penetrate deep into the building. In addition, the external façade has been renovated, with larger window openings for more light.

Since 1970, ideas about healthy buildings have changed considerably. For EDGE Amsterdam West, this means that staircases now have a much more prominent place. The lifts have been concealed and the staircases made more inviting, giving employees more opportunity to move and meet others easily.

The new roof also plays a role in the building's sustainability ambitions. In conjunction with high-quality glazing and an optimized building core, energy consumption has fallen dramatically. Moreover, the building also makes use of thermal energy storage, solar panels, and an air/water heat pump for self-generated energy.

Business Case

EDGE has opted to be both owner and manager of this building as well. The developer has consciously opted for redevelopment over new build as it views reuse to be more sustainable. The sustainable design appeals to people and businesses and makes them feel good working there. For the client, it delivers a distinctive architecture and, ultimately, maximum rentability and a higher residual value.

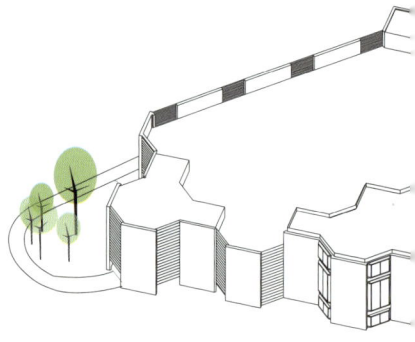

EDGE 암스테르담 웨스트의 분해도
Exploded view EDGE Amsterdam West

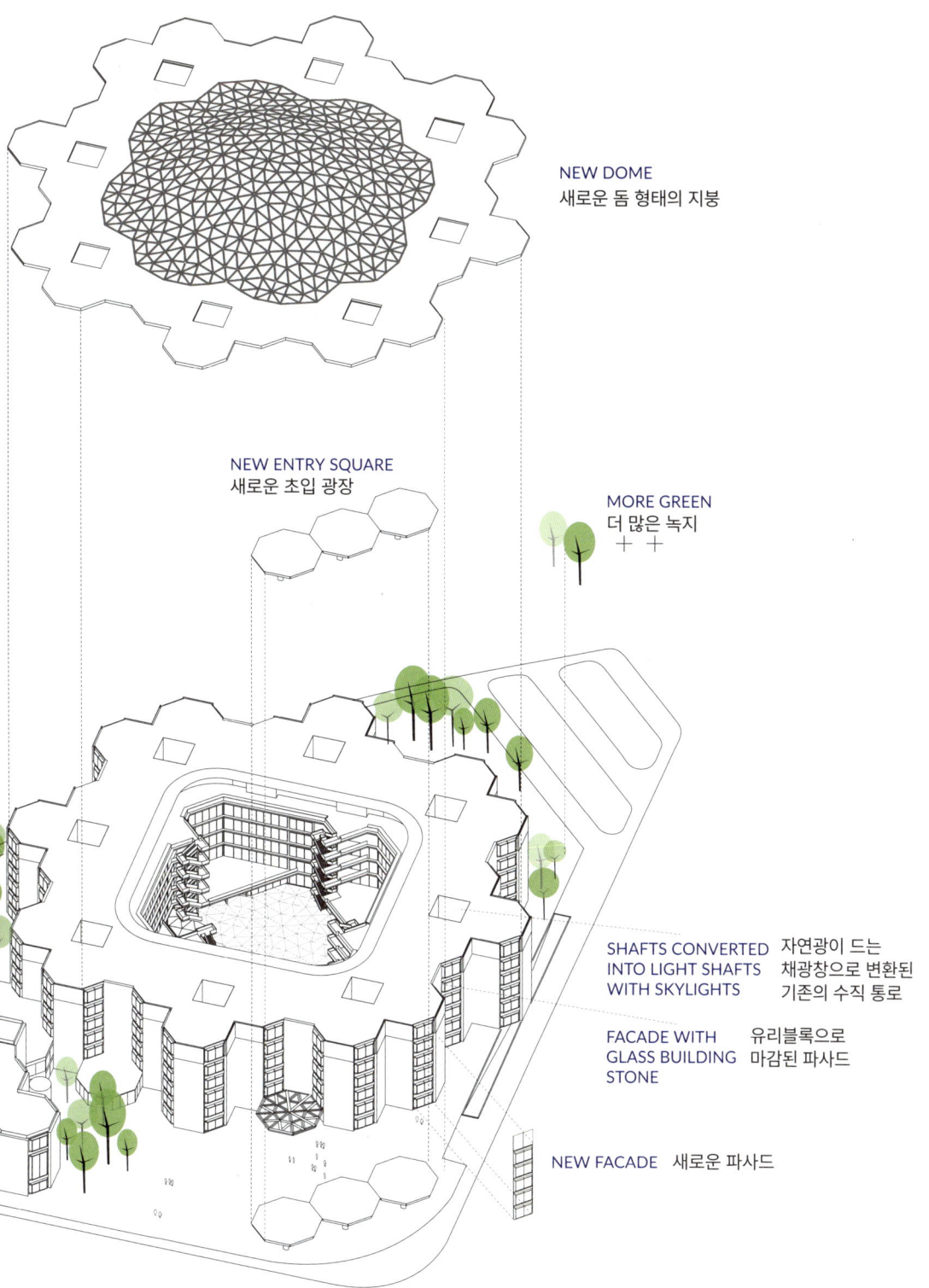

de Architekten Cie.

'달을 탐사하기 위해서 떠났지만,
지구를 발견하게 되었다'

The Future

'We set out to explore the moon
and instead discovered the Earth'

de Architekten Cie.

미래는 이제 달성해야 할 목표가 아니라 예방해야 할 대상이 되었나?

Has the future really ceased to be something to be achieved and become something that needs to be prevented?

Igor Sladoljev

미래 The Future

'1968년, 아폴로 8호의 우주비행사 윌리엄 앤더스(William Anders)는 달 탐사 중 '지구돋이(Earthrise)'로 알려진 사진을 촬영했고, 이것은 가장 상징적이고 영향력 있는 지구의 초상 중 하나가 되었다. 달에서 바라본 지구는 우주의 검은 심연을 배경으로 하나의 천체(天體)로서 낙원의 섬을 연상시킨다. 이러한 지구의 형상은 전체론적 설계에 대한 영감을 불러일으킨다.'[12]

이고르 슬라돌레프(Igor Sladoljev),
Cie.의 건축가 및 연구책임자

In 1968 Apollo 8 astronaut William Anders took the famous 'Earthrise' photograph, which would become among the most iconic and influential portraits of the whole planet Earth, and as for any island utopia, the totality of a singular figure of the Earth against a black abyss, here seen from specific external position on the moon, would invite projects of total design.[12]

Igor Sladoljev,
Architect and research lead at de Architekten Cie.

[12] 벤자민 H. 브래튼(Benjamin H. Bratton), '지구층(Earth Layer,' ≪더미: 소프트웨어와 주권(The Stack: On Software and Sovereignty)≫, MIT Press, 2016.

[12] Benjamin H. Bratton, 'Earth Layer,' in The Stack: On Software and Sovereignty, MIT Press, 2016.

순환 건축 Lessons in Circularity

165

아폴로 8 비행 도중 윌리엄 앤더스이 촬영한 '지구돋이' 사진, 1968(출처: NASA)
'Earthrise' photograph, William Anders, Apollo 8, 1968 (source: NASA, no copyright)

사진에 담긴 지구의 초상이 환경 운동을 가속한 것은 절대 우연이 아니다. 1966년 세계 기상 기구가 제안한 '기후적 변화'는 인위적인 원인에 초점을 맞추기 위해 1970년대 초 '기후 변화'라는 용어로 대체되었다. 이 사진은 거듭 인쇄되고 퍼지면서 지구를 하나의 섬인 폐쇄계(閉鎖系)로, 유한한 자원을 지닌 행성으로 우리에게 각인시켰다. 아폴로 8호 우주비행사들도 '달을 탐사하기 위해서 떠났지만, 지구를 발견하게 되었다'고 설명했다. 검은 바다에 둘러싸인 섬은 강력한 메시지를 준다. 미셸 세르 (Michel Serres)13는 그의 저서 ≪자연 계약(The Natural Contract)≫에서 환경 재난을 더욱 긴급하게 묘사한다: '항해하는 배 위에서 텐트를 칠 피난처 따위는 존재하지 않는다. 외부로부터 엄격하게 분리되어 있는 공동체, 그 밖에는 바다가 펼쳐져 있으니, 익사로 인한 죽음뿐, 살아남을 수 없다.' 이러한 우려는 엘렌 맥아더(Ellen MacArthur)가 재단을 설립할 당시 가졌던 생각과 많이 닮아 있다. 엘렌 맥아더 재단은 순환 경제로의 전환을 강력하게 주장하는 단체 중 하나이며, 재단 설립가인 엘렌은 장거리 요트 선수로, 세계 일주 향해 기록(2005)을 보유하고 있다. 지구를 홀로 횡단한 그는 본능처럼 순환 경제의 중심에 서서 자원 관리에 관한 시스템 사고14를 통합했다. 엘렌은 순환 경제를 하나의 임무로 정의하고, 경제 활동에서 한정된 자원을 소비하는 행위를 점차 분리하며, 폐기물로부터 자유로워지는 것을 목표로 한다. 지속가능성은 여전히 화두가 되고 있으며, 오늘날엔 다가오는 '파국'을 어떻게 피할 수 있을 것인가에 대해 논쟁이 되고 있다. '파국의 모델(Models of Doom)'은 1972년 로마클럽이 발행한 혁명적인 보고서 ≪성장의 한계(Limits to Growth)≫에서 묘사하는 최악의 시나리오 중 하나로, 교토 의정서(1997)와 파리 협정(2015)이 체결되기 훨씬 전에 세상에 소개됐다. 그린피스가 '핵실험 반대 단체(Don't Make A Wave Committee)'로 불리고, 지금 은퇴를 앞둔 사람들이 그레타 툰베리(Greta Thunberg15)와 같은 나이였던 시절에 우리는 이미 기후 위기의 가능성을 낱낱이 파악하고 있었다. 우리는 이미 오래전에 경고받았다.

'... 역사는 우리가 살아가고자 하는 삶에 대한 이야기를 스스로 만들면서 가치관의 변화를 일으켜 왔다는 사실을 보여준다.'

스튜어트 월리스(Stewart Wallis), 신경제재단(New Economics Foundation)

순환적 사고는 그 자체로 새로운 개념은 아니다. 순환적 사고는 균형을 상징하는 과학이나 신학, 또는 연금술적인

The fact that our planet's photographic portrait accelerated environmental movement is surely not a coincidence. The term 'climatic change' proposed by World Meteorological Organization in 1966 was replaced with 'climate change' in the early 1970s to draw focus to the change from anthropogenic causes. As the photographic image was printed and re-printed it became a symbol of our understanding of the Earth as an island, a closed system, a finite resource. This is best put by astronauts of Apollo 8 themselves: 'We set out to explore the moon and instead discovered the Earth'.

As an image, an island surrounded by the sea is powerful. In The Natural Contract, Michel Serres[13] describes the environmental calamity with even greater urgency: 'On a boat, there's no refuge on which to pitch a tent, for the collectivity is enclosed by the strict definition of the guardrails: outside the barrier is death by drowning.' This concern must have been familiar to Ellen MacArthur when she set out to establish the 'Ellen MacArthur Foundation', one of the world's loudest voices advocating transition to a circular economy. As a long-distance yachtswoman herself and a temporary world record holder for the fastest solo circumnavigation of the globe to her name, MacArthur instinctively integrated systems thinking[14] in resource management at the heart of the circularity. She would finally come to define the circular economy *as a mission which entails gradual decoupling of economic activity from the consumption of finite resources and designing waste out of the system*. It is along these lines that contemporary sustainability debate is framed if we are to evade the so-called 'models of doom' scenarios famously modelled by 1972 groundbreaking report The Limits to Growth commissioned by Club of Rome. Long before Kyoto protocol or Paris agreement, when Greenpeace was still called 'Don't make a wave committee' and the people who are approaching retirement today

---

13 미셸 세르(Michel Serres): 프랑스 현대 철학의 거장. 과학과 철학의 경계를 탐구하며 자연과학과 인문학의 통합에 힘쓰고 있다.
14 시스템 사고(Systems Thinking): 문제를 해결할 때 부분적으로는 보이지 않는 전체의 모습을 체계적으로 파악하는 사고 방법. 시스템을 구성하는 다양한 요소들이 어떻게 상호작용하고, 이러한 상호작용이 전체 시스템에 어떠한 영향을 주는지를 알아내 전체적으로 최적화하는 것을 의미한다.
15 그레타 툰베리(Greta Thunberg): 2003년 출생의 스웨덴 환경운동가. 2019년 타임지 올해의 인물로 선정된 바 있다.

13 Michel Serres was a French philosopher, theorist and writer. His works explore themes of science, time and death, and later incorporated prose (Michel Serres - Wikipedia, 2014).
14 Systems Thinking is a way of making sense of the complexity of the world by looking at it in terms of wholes and relationships rather than by splitting it down into its parts. It has been used as a way of exploring and developing effective action in complex contexts, enabling systems change (Systems Thinking - Wikipedia, 2022).

우로보로스[16] 같이 서로 다른 모습으로 우리 주변에 존재해 왔다.
결정적으로 '지구돋이' 사진이 대중들의 상상력을 자극하면서, 1970년대 환경 운동을 가속하는 계기가 되어주었다. 이후 자원 관리의 다양한 측면을 고려하는 모델들이 잇따라 등장했지만, 대부분 너무 추상적이거나 너무 구체적이라는 이유로 보편화되지 못했다. 그러다 2011년, 경제학자 케이트 레이워스(Kate Raworth)가 '도넛'이라는 별칭의 순환 경제 모델을 고안해 UN에 제시했고, 이 모델은 레이워스가 묘사한 대로 '지구적 범위 내에서 사람들의 요구를 충족'하며 환경과 사회적 관심사 사이의 균형을 찾은 것으로 보였다.

레이워스가 처음으로 도넛 모델을 제시하고 약 10년이 지난 지금, 암스테르담은 이 순환 모델을 적용한 첫 번째 도시다.[17] 암스테르담은 도넛 모델을 나침반 삼아 지구적이고, 지역적인 조치를 취한다. 암스테르담은 《암스테르담 순환 2020-2025 전략(The Amsterdam Circular 2020-2025 Strategy)》 보고서에서 순환으로 전환했을 때 영향을 가장 크게 받을 분야, 건설, 바이오매스[18] 및 식품·소비재 등 총 세 가지 '밸류체인 (Value Chains)'[19] 을 기준으로 순환 경제를 위한 17 가지 방향을 제시했다. 암스테르담은 이미 '순환성'이라는 주제로 다양한 분야에서 세계를 선도하고 있지만[20], 순환 경제의 체계적인 확장과 실현을 위해 발생하는 현실적인 장벽들을 이해하는 것을 게을리해선 안 된다. 위트레흐트 대학교(Utrecht University)의 코페르니쿠스 지속가능 발전 연구소(Copernicus Institute of Sustainable Development)의 연구팀이 발간한 '도시 규모의 순환 전환 관련 보고서'에 따르면, 장벽은 두 가지 주요 배리어(Barrier)로 분류된다: [21]

- 하드 배리어(Hard Barriers): 기술, 시장·금융
- 소프트 배리어(Soft Barriers): 제도·규제, 문화, 도시 규모의 시스템 문제.

두 가지 장벽 관점에서, 도시는 다시 전략적이고 경제적인, 기술적 시범 운영을 통해 새로운 가치를 창출하는 이상적인 실험의 장이 된다. 순환 경제 또는 순환 도시에 대한 단일한 접근 방식은 없지만, 이는 정책 개혁 측면에서 우리가 직면하고 있는 분명한 도전이다. 건축가 인디

16 우로보로스(Ouroboros): 그리스어로 '꼬리를 삼키는 자'. 커다란 뱀 또는 용이 자신의 꼬리를 물고 삼키는 원형으로 그려진다. 고대 및 중세 연금술의 상징물로, 윤회사상 및 영원성을 상징한다.
17 암스테르담, 포스트 코로나바이러스 경제를 개선하기 위해 '도넛' 모델 채택', 2020년 4월 8일, 암스테르담이 '변화 작용을 위한 도구'로 도넛 모델을 채택한 당일 영국의 일간지 더 가디언(The Guardian)이 발표한 헤드라인.
18 바이오매스(Biomass): 유기체로부터 얻어지는 재생 가능한 에너지원.
19 밸류체인(Value Chain): 가치사슬이라는 의미로, 제품을 생산하기 위한 제조공정을 세분화해 사슬(Chain)처럼 엮어 가치(Value)를 창출하는 것. 기업이 제품 및 서비스를 생산해서 부가가치를 생성하는 모든 과정을 말한다.
20 암스테르담 시의 《암스테르담 순환 2020-2025의 새로운 전략을 위한 기본 구성 요소(Building blocks for the new strategy Amsterdam Circular 2020-2025)》 보고서.
21 키런 캠벨-존스턴(Kieran Campbell-Johnston)등, 《암스테르담, 위트레흐트, 헤이그 내 배리어와 한계(Barriers and limits in Amsterdam, Utrecht and The Hague)》, Journal of Cleaner Production, vol. 235, 2019년 10월 20일.

were Greta Thunberg's[15] age, we've had this information. We have been warned.

'...history tells us that a value shift is triggered by the creation of a story about how we want to live.'
Stewart Wallis, New Economics Foundation

Circular thinking is not per se a new idea, arguably it has always been around in one ouroboros[16] shape or another, lending itself to both scientific, theological and alchemical models signifying systems in equilibrium. Since 'Earthrise' photograph ignited the public imagination and accelerated environmental movement of the 1970s the world has seen many diagrams focusing on various aspects of resource management, often too abstract or too specific to become globally adopted. In 2011, a circular economy model nicknamed 'the doughnut' was proposed and presented to the UN by economist Kate Raworth that seemed to have found the balance between the environmental and the social concerns that would, as Raworth puts it: 'meet the needs of all, within the means of the planet.'

Almost a decade since Raworth first drew the doughnut diagram, Amsterdam became the first city in the world to spearhead this circular model[17]. Thus doughnut becomes a compass for both planetary and local action. In the follow up circular strategy report, the City of Amsterdam has set itself seventeen directions for a circular economy that were sorted in three 'value chains[19]' - sectors where circular transition would have the greatest impact - Construction, Biomass[18] and food, and Consumer goods.

15 Greta Thunberg is a 2003-born Swedish environmentalist. She is known for challenging world leaders to take immediate action for climate change mitigation. She received numerous honors and awards, including in Time's 100 most influential people in 2019 (Greta Thunberg - Wikipedia, 2019).
16 Ouroboros is a circular symbol that depicts a snake or dragon devouring its own tail and that is used especially to represent the eternal cycle of destruction and rebirth (Definition of OUROBOROS, n.d.).
17 'Amsterdam to embrace 'doughnut' model to mend post coronavirus economy' is a headline published by The Guardian on 8th of April 2020, the day Amsterdam launched the doughnut model as 'a tool for transformative action'
18 Biomass is a term used in several contexts: in the context of ecology it means living organisms, and in the context of bioenergy it means matter from recently living (but now dead) organisms (Biomass - Wikipedia, 2023).
19 A value chain is a progression of activities that a firm operating in a specific industry performs in order to deliver a valuable product to the end customer. (Value Chain - Wikipedia, 2023).

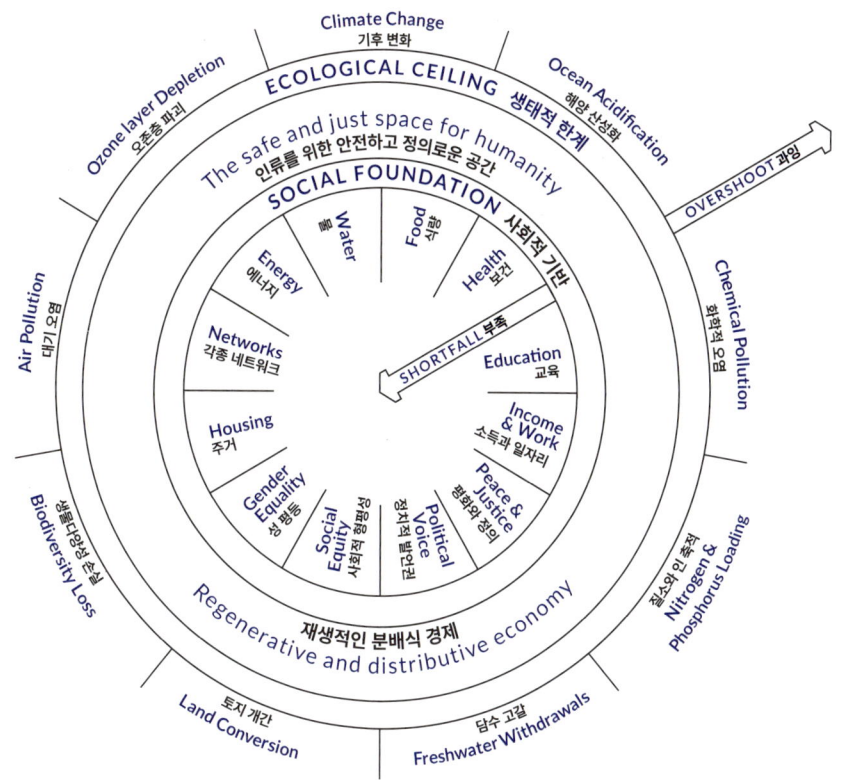

케이트 레이워스의 '도넛' 모델
도넛 모델은 지구 과학에 따른 9개의 행성적 한계(도넛의 외부 테두리)와 사회적 기반(도넛의 내부 테두리)을 결합한 두 개의 고리로 구성된다. 외부 고리 밖을 벗어나면 지구의 생태학적 한계를 넘어서게 되고, 내부 고리 안으로 치우치면 사회적 기반의 부족으로 부정적인 결과가 나타난다.

The doughnut, Kate Raworth
The doughnut combines the nine planetary limits according to earth sciences (the base of the outer ring) with the social fundament (the inner ring). If we move beyond the outer ring, we cross the borders of the earth. If we move too far towards the inner ring we experience adverse social consequences.

조하르(Indy Johar)는 이를 '지루한 혁명'이라고 표현하며, '이러한 미래는 구조적 인프라와 공익적 거버넌스[22]를 완전히 디지털화하고 연계하여 데이터 중심 시대에 맞게 재해석해야 한다'고 주장한다.[23]

21세기에 '데이터'는 점점 더 많은 질문에 대한 해답이 되고 있다. 데이터는 이제 새로운 자원으로서 일상 속 디지털 기술에 이용되고 있으며, 자산 태깅[24] 과 지형공간 정보[25], 빅데이터 관리와 광범위한 네트워크 연결 같은 데이터 기반 프로세스가 도시 지역의 순환 경제 활동을 위해 사용될 수 있다.

Although Amsterdam, to its credit[20] counts numerous 'circular' initiatives it is important to understand the barriers to a systemic scale-up of circular economy and by extent to circular construction (the subject of this publication). In their report on city level circular transitions, a team of researchers lead by Copernicus Institute of Sustainable Development at Utrecht University point to two main barriers[21]:

22 거버넌스(Governance): 과거 일방적인 정부 주도적 경향에서 벗어나 다양한 이해당사자가 주체적인 행위자로서 협의와 합의 과정을 통해 정책을 결정하고 집행하는 사회적 통치 시스템. 정책 결정에 있어 정부·기업·비정부기구 등 다양한 행위자가 공동의 관심사에 대한 네트워크를 구축하여 투명하게 문제를 해결한다.
23 인디 조하르(Indy Johar), 《지루한 혁명의 필요성(The Necessity of a Boring Revolution), Dark Matter Labs》, 2018년 2월 13일.
24 자산 태깅(Asset Tagging): 시스템, 보안 또는 가상 환경 관리자가 태그를 장치 및 보안 그룹에 연계하는 프로세스. 태그를 할당함으로써 관리자는 개별 자산을 그룹으로 관리하여 정책 배포를 자동화하고 관리 범위를 정의할 수 있다.
25 지형공간 정보(Geospatial Data): 지구 표면의 특정 위치와 관련된 시간 기반의 데이터. 변수 관계에 대한 정보를 제공해 패턴과 동향을 파악할 수 있다.

20 Building block for the new strategy, Amsterdam Circular 2020-2025, City of Amsterdam
21 Barriers and limits in Amsterdam, Utrecht and The Hague, Kieran Campbell-Johnston et al. / Journal of Cleaner Production 235

이러한 프로세스를 효율적으로 사용하기 위해 네덜란드 지자체들은 관련 직무를 체계화하고, 기술 책임자(CTO; Chief Technology Officers)를 임명하여 새로운 도시 기술을 시범 운영하면서 발생할 수 있는 혼란을 최소화해 왔다. 데이터를 주요 도시 인프라로 활용하기 위해서 신뢰와 합법성을 구축해야 하는 CTO 공무원들에게는 막중한 책임이 주어졌다. '스마트'한 미래를 향한 꿈, 사물인터넷(IoT)[26]의 시장 주도형 기술을 맹목적으로 지향하는 솔루셔니즘(Solutionism)[27]에 대항하는 것은 오늘날의 도전 과제가 되었으며, 영국의 독창적인 건축가 세드릭 프라이스(Cedric Price)가 제기했던 질문이 더욱 설득력을 얻고 있다.

지금까지 도시가 취한 접근 방식은, 바르셀로나[28]부터 토론토[29]에 이르기까지, 기술적으로도 민주적으로도 매우 다양했다. 기술주권[30]을 보유함으로써 도시가 어떻게 '스마트'해질 수 있는가에 대한 질문에 바르셀로나의 CTO인 프란체스카 브리아(Francesca Bria)는 다음과 같이 답했다: '도시는 기술 및 디지털 혁신의 힘을 활용함으로써 시민들에게 혜택을 제공할 뿐 아니라 경제의 다양성을 개선해 더 다원적이고, 지속 가능하며 협력적인 경제를 만들 수 있다. 이렇듯 도시 환경에 네트워크 기술을 도입하는 것은 단순히 연결성, 센서, 인공지능을 공급하는 것 이상으로 도시의 전반적인 정치와 경제 모델을 재구성하며, 더 나은 도시를 위한 보다 더 광범위하고 야심 찬 목표와 연결된다. 임금 격차와 주택 공급, 지속 가능한 이동수단, 공직 부패와 같은 장기적인 도시 문제를 다룰 수 있으며, 시민들의 집단지성을 정치적 의사 결정에 참여하는 방식으로 결집할 수 있다.'

이러한 접근방식은 21세기 도시에서 디지털 거버넌스를 형성하는 데 중요한 역할을 할 것이다. 거버넌스 없이 현재의 광범위한 순환 고리를 완성하는 것은 상상하기 어렵다. 이러한 전환은 높은 수준의 책임이 필요하기 때문에 공공이 주도하는 디지털 주권[31]만이 이를 만들고 유지할 수 있다. 적어도 시장이 충분한 인센티브를 받아 그 역할을 대신할 수 있을 때까지 거버넌스에 책임이 있다.

기술이 정답이다, 그러나 질문은 무엇이었나?
Technology is the answer, but what was the question?

세드릭 프라이스
Cedric Price, 1966

- hard barriers: technological, market/financial
- soft barriers: institutional/regulatory, cultural, city-level system challenges.

From the perspective of both hard and the soft barrier challenges, the city again emerges as an ideal scale for regulatory experimentation through its capacity to metabolise new social values through strategic, economic and technological pilots. Although there is no one single approach to the circular economy or circular city, it is clear that we face a rapport challenge taking place in the domain of policy innovation. Architect Indy Johar refers to the innovation challenges we are facing as 'the boring revolution', whereby he argues: '...this future needs us to both reimagine the institutional infrastructures of regulation & public interest governance[22] in a fully digital, connected and data-driven age (but also our tools, means and capacities to implement it on the ground).'[23]

In the 21st century, 'data' becomes a ready answer to an increasing amount of questions.

26 사물인터넷(IoT; Internet of Things): 각종 사물에 센서와 통신 기능을 내장하여 인터넷에 연결하는 기술. 무선 통신을 통해 각종 사물을 연결하는 기술을 의미한다. 삼성이나 LG의 스마트 홈, 좌회전 감응 신호 등의 스마트 신호 운영 체계가 이에 해당한다.
27 솔루셔니즘(Solutionism): '모든 문제에는 반드시 해답이 있다'는 믿음. 과학기술이 급속도로 발전하면서 '모든 사회 문제는 기술이 해결해 줄 수 있다'는 강고한 믿음을 바탕으로 더욱 확산하는 추세이다.
28 바르셀로나 최고 기술 책임자인 프란체스카 브리아(Francesca Bria)에 따르면, 바르셀로나의 공공의제 중 70%는 시민이 주도한 제안에서 파생된다.
29 토론토의 동부 해안가를 따라 도시 개발의 새로운 모델을 개발하고자 한 Sidewalk Toronto 프로젝트는 21,000명이 넘는 토론토 시민들과 18개월 간 공개 협의를 거쳤고, 원주민 커뮤니티의 의견을 반영했다. 이 프로젝트는 팬데믹으로 인한 전례 없는 경제적 불확실성으로 인해 2020년 5월 종료되었다.
30 기술주권(Technical Sovereignty): 어떠한 국가 혹은 연방이 자국의 복지와 경쟁력을 위해 없어서는 안 될 기술을 직접 공급하거나 다른 경제권으로부터 일방적인 의존 없이 조달할 수 있는 능력을 의미한다.
31 디지털 주권(Digital Sovereignty): 사이버 자원에 대한 국가나 지역 차원의 통제 권한

22 Governance is a system of social governance in which various stakeholders, as active actors, decide and implement policies through a process of consultation and consensus, moving away from the unilateral government-led trend of the past. In the policy making process, various actors such as governments, businesses, and non-governmental organizations build networks of shared interests to solve problems transparently.
23 The boring revolution, Indy Johar (Dark Matter Labs) https://provocations.darkmatterlabs.org
24 aging is the process through which managers of virtual environments, security systems, and devices link tags to specific devices and security groups. Administrators can specify the scope of administration and automate policy implementation by giving tags that allow them to manage individual assets as a group.
25 Geospatial data is time-based information pertaining to a particular spot on the surface of the Earth. It can provide insights into how different factors relate to one another in order to spot patterns and trends.

'우리는 도구를 만들고, 도구는 우리를 만든다.'

존 컬킨(John Culkim), 맥루한(Marshall McLuhan)[32]을 주제로 한 1967년 인터뷰

결과적으로 기관과 정부 정책의 설계는 디지털 소프트웨어가 설계되는 방식과 다르지 않다. 두 가지 모두 사실상 코딩(Coding)된다. 디지털 인터페이스가 사용자와 서비스, 도시와 시민 간의 접점이 되면서 그 디자인이 대중의 관심사가 되었다. 이는 마치 한때 시청이 어떻게 디자인될 것인지가 대중의 관심사였던 것과 같다.

정교한 디지털 인터페이스든, 망치처럼 간단한 도구든 지금까지 만들어진 도구는 모두 설계자에 의해 가치체계가 결정되었고, 이는 공정 과정과 제품의 결과물에 명백하게 드러난다. 무엇보다, 초기에 문제가 어떻게 정의되었고, 질문이 어떻게 구체화하였는지를 정확하게 파악할 수 있다.

이 책의 주제인 '순환 건축의 기술적 장벽'은 순환 경제로의 전환을 위한 주요한 '벨류 체인'이며, 네덜란드 정부 산하의 인프라·수자원 관리부(Rijkswaterstaat)[33]는 이러한 장벽의 복잡성을 다음과 같이 설명한다: '순환 건축은 건물의 수명 주기 내 모든 단계를 고려한 설계로 시작하여, 건설과 철거에 이르기까지 하나의 주기가 그다음 주기에서도 이어지며 계속된다. 이 설계 과정에는 건설부재·자재 및 제품의 수명 주기도 포함된다. 건축가는 철거업자의 작업 방식을 알아야 하고, 재활용업자는 재활용 기술이 적절하게 적용될 수 있도록 시공자가 건설 자재에 어떤 기술적 사항을 요구하는지 파악해야 한다. 시공자는 사용하는 자재에 대한 중요한 정보를 건물의 소유주 및 관리자에게 전달해 그들이 정보를 활용할 수 있도록 해야 하며, 관리자는 철거업자가 해당 정보에 접근할 수 있도록 해야 한다, 그게 100년 후가 될지라도 말이다.'[34]

이러한 기술적 과제를 소프트웨어가 해결할 수 있다면 어떨까? 그러기 위해서는 협력·지식공유·지역 기준·공급망 추적·이해관계자의 투명성 등 그 외로도 수없이 많은 요소를 코드화하고, 이러한 복잡성과 인적 요소의

As a newly available resource, it fuels technologies which augment the digital layers of our daily lives. Data-driven processes such as asset tagging[24], geospatial information[25], big data management, and widespread connectivity have all been identified as enablers of circular economy activities in urban regios.

In order to deploy these processes in urban scale, many municipalities have institutionalised the office and appointed chief technology officers - CTOs to pilot new urban technology, but also to curb its disruptions. Huge responsibility has been vested in these civil servants when it comes to building trust and legitimacy in harnessing data as a key urban infrastructure on behalf of the public. Resisting dreams of 'smart' futures and the market-driven tech solutionism[27] of the Internet of Things (IoT)[26] is a challenge of the day, which makes the question posed by British maverick architect Cedric Price increasingly more prescient.

So far the approach cities have taken vary widely in terms of both technological and democratic sovereignty (from Barcelona[28] on one side of the spectrum to Toronto[29] on the other). Sharing her thoughts on how the cities might be smart by retaining their technological sovereignty[30], Barcelona's CTO Francesca Bria puts it like so:
'Cities can harness the power of technology and digital innovation to benefit all citizens and improve the economy's diversification, making it more plural, sustainable, and collaborative.

---

32 마샬 맥루한(Marshall McLuhan): 영문학자이자 커뮤니케이션 이론가, 현대 사상가 등으로 불리었으며 『미디어 이해: 인간의 확장』(1994)에서 미디어 문화와 디지털 혁명의 단면을 보여준다.
33 라익스워터스타트(Rijkswaterstaat)는 1798년 설립된 네덜란드 정부 산하 인프라·수자원 관리부 로, 수로·도로의 건설 및 유지, 홍수 방지 및 예방을 포함한 공공 사업과 물 관리에 대한 실질적인 업무를 수행한다.
34 «네덜란드 건설 부분의 순환 경제: 시장과 정부에 대한 관점(Circular economy in the Dutch construction sector: A perspective for the market and government)», 2015.

26 The Internet of things (IoT) describes physical objects (or groups of such objects) with sensors, processing ability, software and other technologies that connect and exchange data with other devices and systems over the Internet or other communications networks (Internet of Things - Wikipedia, 2003).
27 Solutionism is a belief that all difficulties have benign solutions, often of a technocratic nature (Solutionism - Wiktionary, n.d.).
28 According to Barcelona's Chief Technology Officer, Francesca Bria, 70% of the city's public agenda is derived from citizen-driven proposals.
29 The Sidewalk Toronto project, which sought to develop a new model for urban development along Toronto's eastern waterfront, involved 18 months of public consultation with more than 21,000 Torontonians and included input from Indigenous communities. The project was closed in May 2020 due to unprecedented economic uncertainty caused by the pandemic. https://www.sidewalklabs.com/toronto
30 Technological sovereignty is the ability of a polity to self-determinedly shape the development and use of technologies and technology-based innovations which impact its political and economic sovereignty. (Munich Papers in Political Economy Working Paper No. 03/2021)

창의성을 모두 처리할 수 있는 인터페이스와의 연결이 필요하다. 이것이 오토데스크(Autodesk)[35]가 달성하고자 하는 목표일까? 오토데스크는 컴퓨터 지원 설계(Computer-Aided Design; CAD)를 시작으로, 시스템 정보 모델링(System Information Modelling; SIM)과 빌딩 정보 모델링(Building Information Modelling; BIM)기술을 순차적으로 적용해 왔다. 확실히, BIM은 더욱 효율적인 설계 방법으로 건설 산업이 요구하는 순환 조건의 하드 배리어(Hard Barriers: 기술적·경제적 장벽)를 극복하기 위한 도구로 사용될 수 있다. 자재의 흐름을 분류하고 추적하는 것을 통해 생명 주기 정보를 축적하고, 이러한 정보를 통해 자재의 상태와 품질을 경제적으로 파악할 수 있다.[36] 재료의 구성, 모듈형 설계 및 분해의 용이성은 순환 건축에 있어 가장 주요한 조건으로 간주되지만, 모든 디자이너가 이에 초점을 맞출 필요는 없다. 만약 이러한 부분을 도구와 설계에 코딩한다면, 폐기물 발생률이 자연스럽게 줄어들 수 있을 것이다. 이것은 기술적으로 충분히 실현할 수 있기 때문에, 이때는 기술적 측면이 아니라 필요한 값을 코딩할 충분한 외부 인센티브가 있는지 여부가 중요하다.

'우리는 전체로서 어떻게 사고하는가? 생각이 클수록 사고가 더 지속적이고 효과적인 것이 사실이라면, 우리는 이렇게 질문해야 할 것이다: 우리는 얼마나 크게 생각할 수 있는가?'

벅민스터 풀러(Buckminster Fuller), ≪우주선 지구호 사용설명서(Operating Manual for Spaceship Earth)≫

도넛 경제가 묘사하는 21세기의 복잡성과 모순은 생태학적 경계와 사회적 토대 사이의 균형으로부터 발생한다. 이는 모든 사회가 맞서야 할 도전이자 과제이며, 이에 착수하기 전 우리는 잠시 멈추어 반세기 전 아폴로 우주비행사들이 우리에게 전하고자 했던 메시지가 무엇이었는지 곰곰이 생각해 보아야 한다. 미래는 이제 달성해야 할 목표가 아니라 예방해야 할 대상이 되었나? 2020년 현재, 우리는 지구촌 사회를 살아가고 있다. 비록 장기적인 시각까지 갖추지는 못했지만, 세계화는 무시할 수 없는 사실이고 또 놓쳐서는 안 될 기회이다. 변화된 사회와 인식 그리고 그러한 디자인 개요에 발맞추어, 디자이너로서 전체를 바라보고 전체론적 접근 방식을 취하고자 노력해야 한다. 이러한 방식을 통해 우리는 각자의 전문 영역 너머로 새로운 연결성을 발견하고 궁극적으로 순환 의제에 절실한 작업 모델을 찾게 될 것이다.

Introducing network technologies in the urban environment is not just about providing the city with connectivity, sensors, and AI, but also adopting a wider and more ambitious goal for rethinking the political and economic models which make cities work, while taking on long term urban challenges such as wage gaps, affordable housing, sustainable mobility, public corruption, as well as aggregating the collective intelligence of citizens through participatory processes in political decision-making.'

The approach taken will play a significant role in the formulation of digital governance and its place in 21st-century cities. It is hard to imagine closing the widest of the circular loops without a high degree of accountability, the kind only public led digital sovereignty[31] can provide and maintain at least until the market is sufficiently incentivised to do so.

'We shape our tools and thereafter our tools shape us.'

John Culkin in an interview on Marshall McLuhan[32], 1967

As it turns out, the design of institutions and governmental policy is not dissimilar to the way digital software is designed - both are effectively coded. As digital interfaces become a point of contact between users and services, cities and citizens, their design becomes a matter of public interest as once an architectural layout of a town hall would have been.

Every tool ever designed (whether a sophisticated digital interface or as straightforward as a hammer) was embedded with a value system by its designers, which manifested themselves in the outcomes of processes and products, but most importantly,

---

35 오토데스크(Autodesk): 건축·엔지니어링·건설·제조·미디어·교육·엔터테인먼트 산업을 위한 소프트웨어 제품 및 서비스를 만드는 미국의 다국적 소프트웨어 회사.
36 ≪순환경제 내 건축자재의 절약: BIM 기반의 일생 성능평가기(Salvaging building materials in circular economy: A BIM-based whole-life performance estimator Akanbi 등)≫, Resources, Conservation & Recycling Journal 129, 2018

31 Digital sovereignty describes a party's right and ability to control its own digital data (What Is Digital Sovereignty? Digital Assets and Governance, 2022).
32 Marshall McLuhan was an English writer, communication theorist, and modern thinker, whose Understanding Media: The Expansion of Man (1994) provides a cross-section of media culture and the digital revolution.
33 Rijkswaterstaat, founded in 1798 as the Bureau voor den Waterstaat and formerly translated to Directorate General for Public Works and Water Management, is a Directorate-General of the Ministry of Infrastructure and Water Management of the Netherlands (Rijkswaterstaat - Wikipedia, 2018).
34 Circular economy in the Dutch construction sector: A perspective for the market and government 2015, Rijkswaterstaat Ministry of Infrastructure and environment

offered a reading on how the initial problem was defined and the question articulated.

When it comes to technological barriers of circular construction (the focus of this publication), which is seen as a key 'value chain' in turning the tide towards the circular economy, the complexity of the problem is well articulated by Rijkswaterstaat[33]: '...it starts with a design that takes into account all of the phases in the lifecycle of a structure and continues in the following cycle. The following life cycles of construction elements, products and materials form part of that design process. The architect must know how the demolition contractor works, the recycler must know what technical requirements the circular constructor places on the materials that he uses so that the recycling technology can be adapted to suit. The contractor must ensure that important information concerning the materials that he uses is available to the owner/manager of the structure and the manager must ensure that the demolition contractor - sometimes more than a hundred years later - can also have access to the information.'[34]

What if a software could take on this technological challenge? It would need to code in cooperation, knowledge sharing, local standards, track supply chains, stakeholder transparency (the list is endless) and pair it with an interface that would distil the complexity but account for the creativity of the human factor. Is this what Autodesk[35] has set out to achieve, first with computer-aided design (CAD), followed by systems information modelling (SIM) and building information modelling (BIM)? To be sure, a more efficient way of designing BIM surely is, it is also a tool for overcoming those hard barriers of the circular requirements of the construction sector. By classification and tracking of material flows it accumulates life cycle information, where status and quality of the building materials in the economy must be known[36]. Material composition, modular design and design for disassembly, seen as main circularity requirements, should not be the focus of interest of every designer, but coded in the tool and design could perhaps become waste-less by default. The question is not if this is possible from a technical point of view (which it is), but if there is enough external incentive to code the required values in the tool.

'How do we think in terms of wholes? If it is true that the bigger the thinking becomes the more lastingly effective it is, we must ask, How big can we think?'

Buckminster Fuller, Operating Manual for Spaceship Earth

Complexity and contradiction of the 21st century as outlined by doughnut economics is a balance between the ecological boundaries and social foundations. Certainly a challenge for any society, yet we should first stop to reflect for ourselves, as individuals, what the Apollo astronauts were arguably trying to convey over half a century ago. Has the future really ceased to be something to be achieved and became something that needs to be prevented? This year, 2020, we find ourselves well reminded that we are a global society, albeit a short-term minded one - a fact, impossible to ignore and an opportunity too valuable to waste. The brief has changed! It is crucial, as designers, to strive for a holistic approach that might help us recognize uncanny connections well beyond our respective professional boundaries to find much-needed working models that could facilitate the circular agenda.

---

35 Autodesk is an American multinational software corporation that makes software products and services for the architecture, engineering, construction, manufacturing, media, education, and entertainment industries.
36 Salvaging building materials in circular economy: A BIM-based whole-life performance estimator, Akanbi, Oyedle, Akinade, Ajayi, Delgado, Bilal, Bello, Resources, Conservation & Recycling Journal 129, 2018.

de Architekten Cie.

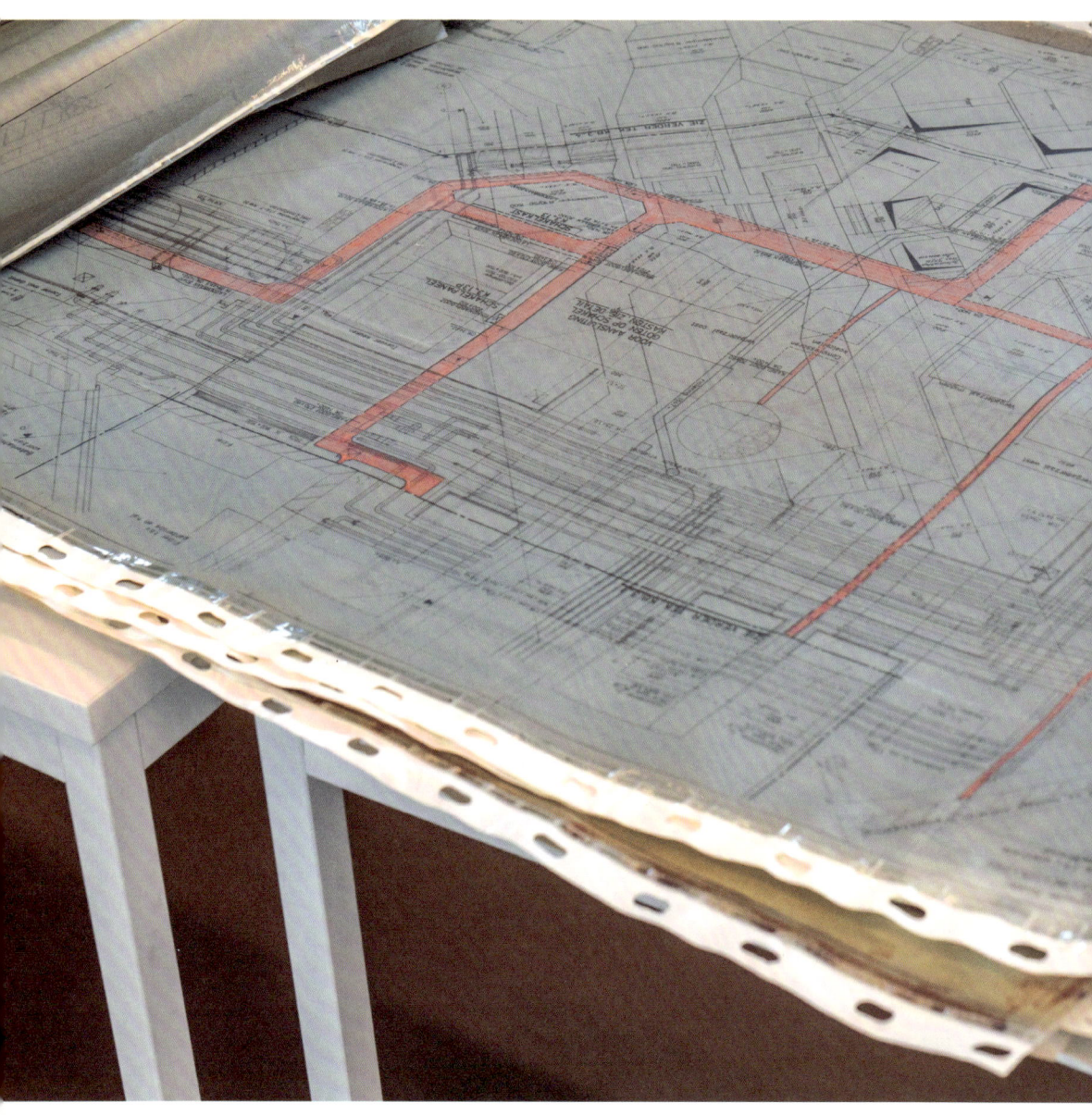

Cie.의 기존 건축 도면을 이 책의 재료로 사용하였다.
Existing architectural drawings of de Architekten Cie. as resource for this book

그래픽 디자이너 로 시케스(Loes Sikkes)가 이 책에 관하여

디자인 과정에서 우리는 이 책의 생산에 가장 적합한 옵션을 찾기 위해 프로세스 전반에 걸쳐 다양한 기술을 시도해 보았습니다. 다양한 인쇄용 잉크와 제본 방법을 테스트해 보았고, 잔여 폐기물을 최소화하기 위해 다양한 치수를 연구했으며, 가장 지속 가능한 종이는 무엇이 있는지, 그리고 재사용으로 수명이 연장될 수 있는 기존 재료들은 어떤 것이 있는지 면밀히 살펴보았습니다. 나아가, 우리는 이와 같은 출판물에 가장 적합한 인쇄업체를 찾고자 시도했습니다.

우리는 오래지 않아 이 과정이 예상했던 것보다 훨씬 더 어려운 일이라는 것을 알게 됐습니다. 제지업체와 인쇄업체는 서로 다른 의견을 제시했고, 운송 과정 또한 환경에 부정적인 측면으로 작용한다는 것을 알게 됐습니다. 어느 시점에서는 끝없이 이어지는 찬반양론에 압도되기도 했습니다.

이러한 과정은 지속 가능한 제지계(製紙界)를 더 면밀히 살펴보고, 그것이 가진 복잡성을 더욱 깊이 파악하게 되는 계기가 되었습니다. 기본적으로 종이를 제작하는 과정은 환경에 부정적인 영향을 끼칩니다. 종이는 보통 나무로 만들어지고, 나무는 자라면서 이산화탄소를 흡수하고 산소를 생성합니다. 이렇게 흡수된 이산화탄소는 목재가 종이로 가공될 때 종이에 저장됩니다. 따라서 종이로 만들어진 책들은 모두 이산화탄소를 저장하고 있으며, 이러한 책들의 수명은 최대 100년으로 측정됩니다. 이산화탄소는 책을 태울 때만 방출되지만, 종이는 최대 7번까지만 재활용이 가능하므로 그 후에는 결국 폐기물이 되고 맙니다.

재활용 종이를 사용하는 것은, 종이를 지구 반대편에서 배송해야 하거나 사람들이 그러한 자재를 얻기 위해 끔찍한 환경에서 일해야 하는 경우가 아니라면, 아주 탁월한 생각입니다. 이때 중요한 것은 전체적인 탄소발자국을 살펴보는 것입니다. 종이에 대한 선택지는 매그노볼륨(Magno Volume), 서클(Circle), 슈퍼브루트(SuperBrut), 르벨로(Rebello), 페이퍼와이즈(PaperWise) 등 정말 많은 선택지가 있지만, 그 중에서 우리는 레쎄보(Lessebo) 종이를 사용하기로 했습니다. 레쎄보는 제지업체 측에서 전체 종이 부문 중 최고로 인정하는 지속 가능한 우드프리(Wood-Free) 종이입니다. 지속가능성 부분에 있어 'Cradle to Cradle Gold' 인증을 받았고, 외관적 품질과 인쇄 결과 또한 우수합니다.

책을 만드는 것이 환경에 부담이 되는 만큼 우리는 해당 분야의 전문가들과 충분하게 상의한 후 생산에 대한 결정을 내렸고, 책의 표지로 사용할 만한 재활용 자재를 살펴보기 시작했습니다. 효율성 또는 효율성의 부족이 환경에 미치는 영향에 대해 질문하며, 우리는 실험처럼 시간 소모적인 작업에 착수했습니다. 100% 재활용 페트병으로 만든 폼(Foam)과 같은 소재의 테스트 샘플을 요청해 보았고, 재활용 데님 원단으로 가방, 램프, 의자 등의 제품을 생산하는 회사에 연락도 해보았습니다. 네덜란드 철도회사 NS가 아인트호벤 자전거 주차시설 프로젝트의 일환으로 제공한 재사용 자재 품목 또한 살펴보았으며, 심지어 미장 공사에 사용되는 재활용 장판을 자재로 사용하는 선택지까지 고려해 보았습니다. 하지만 이러한 선택지들은 모두 저마다의 한계와 재생산을 위한 조건이 필요했습니다. 그러나 이를 대체할 해결책은 놀라울 정도로 가까운 곳에 있었습니다. Cie.가 그들의 오래된 건축 도면을 제공해 주었고, 이것은 출판물의 내용을 시각화하면서 동시에 먼지가 적은 책의 겉표지로 재사용되었습니다.

JLP가
책을 인쇄하며

《순환 건축(Lessons in Circularity)》을 출판하면서 Cie.가 환경적인 측면에서 노력을 들인 것처럼, JLP도 신중한 태도로 책 제작에 참여했습니다.
한영판의 경우, 수요가 적어 수입되지 않는 레세보(Lessebo) 대신, 한국에서 수급 가능한 100% 재생 용지인 '리시코'를 사용했습니다. 책의 내용과 결을 같이하는 최종 작업물이 되기를 바라면서 작업하였고 이를 독자들도 함께 느끼시길 바랍니다.

Graphic designer Loes Sikkes about this book

We tried different techniques throughout the process to find the most suitable option for production. We tested different printing inks and binding methods, we researched different sizes to see which would produce the least residual waste, we researched the most sustainable paper options, and we looked at which existing materials could be repurposed to extend their lifespan. We also wanted to find the best printer for a publication like this.

This process turned out to be harder than we expected. The paper manufacturers and the printers had different opinions and the transport process proved to have a negative impact on the environment. At a certain point, the sheer number of pros and cons became overwhelming.

The process gave me insight into the complexity of the sustainable paper landscape. The paper-making process has a negative impact on the environment. Paper is usually made from wood and trees absorb CO_2 and produce oxygen as they grow. When wood is processed into paper, the CO_2 is stored in the paper. Books therefore retain CO_2 and can last up to a hundred years. The CO_2 is only released when the books are burned. Paper can be recycled up to seven times, which means it will eventually become a waste product.

Using recycled paper is a great idea unless that paper has to be transported halfway around the world or if people are forced to work in appalling conditions to obtain the materials to make it. You have to look at the entire footprint. There are so many paper options to choose from, such as Magno Volume, Circle, SuperBrut, Rebello, and PaperWise. We chose to use Lessebo because it's a sustainable, wood-free paper that our supplier deemed one of the best in the whole paper sector. Lessebo has the Cradle to Cradlie Gold certification, but of equal importance is its appearance and the printing and colour results.

Producing a book puts a burden on the environment, there's no two ways around it. We consulted experts in the field as much as possible before making our decisions. We also looked for recycled materials that we could potentially use as a book cover. Experimenting is a time-consuming task that made us question the environmental impact of efficiency (or a lack thereof). We requested samples of a foam-like material made entirely out of recycled PET bottles, contacted a company that uses recycled denim as a source material for new products (suitcases, lamps, chairs, etc.), looked at residual materials used by NS (Dutch Railways) as part of its bicycle parking facility project in Eindhoven, and even considered using recycled floorsheeting for plastering jobs as a material. All of these options had their own limitations and requirements for reproduction. The solution turned out to be surprisingly close to home: de Architekten Cie. provided some of its own materials, old drawings which were folded around the books as a dust jacket representing what this publication is about.

JLP
about publishing this book

Just as Cie. made environmental efforts while publishing Lessons in Circularity, JLP participated in the book production with a cautious attitude.
In the case of the Korean-English edition, instead of Lessebo, which is not imported due to low demand, "Recyco," a 100% renewable paper that can be supplied and received in Korea, was used. JLP worked on publication of this book hoping that the final work that matches the content of the book, and we hope readers will feel the same.

de Architekten Cie.

프로젝트

서클(p.30)
위치: 암스테르담
클라이언트: ABN AMRO
총 면적: 3,350m²

EDGE 올림픽(p.84)
위치: 암스테르담
클라이언트: EDGE 테크놀로지스
총 면적: 12,500m²

공공 자전거 주차시설(p.106)
위치: 아인트호벤
클라이언트: ProRail
총 면적: 5000m²

빌딩 패스포트(p.122)
클라이언트: Cie.

갈릴레오 종합자료센터(p.132)
위치: 노드와이크
클라이언트: 네덜란드 중앙정부 부동산청
총 면적: 1,500m²

윈클로브 프로바이오틱스(p.140)
위치: 암스테르담
클라이언트: 윈클로브 프로바이오틱스
총 면적: 6,000m²

스판서 간척지구(p.148)
위치: 스히담
클라이언트: 스히담 시

EDGE 웨스트(p.154)
위치: 암스테르담
클라이언트: EDGE 테크놀로지스
총 면적: 56,890m²

Projects

Circl (p.30)
Location: Amsterdam
Client: ABN AMRO
Gross surface: 3.350 m²

EDGE Olympic (p.84)
Location: Amsterdam
Client: EDGE Technologies
Gross surface: 12.500 m²

Bicycle parking facility Eindhoven (p.106)
Location: Eindhoven
Client: ProRail
Gross surface: 5.000 m²

Het Gebouwpaspoort (p.122)
Client: de Architekten Cie.

Galileo Reference Center (p.132)
Location: Noordwijk
Client: Rijksvastgoedbedrijf
Gross surface: 1.500 m²

Winclove Probiotics (p.140)
Location: Amsterdam
Client: Winclove Probiotics
Gross surface: 6.000 m²

Spaanse Polder (p.148)
Location: Schiedam
Client: Gemeente Schiedam

EDGE Amsterdam West (p.154)
Location: Amsterdam
Client: EDGE Technologies
Gross surface: 56.890 m²

글 Texts
메렐 피트, 캣야 에덴스, 이고르 슬라돌레프, 한스 하밍크
Merel Pit, Catja Edens, Igor Sladoljev, Hans Hammink

그래픽디자인 Graphic design
로 시케스 비주얼 커뮤니케이션
Loes Sikkes Visual Communication

사진 Photos
에른스트 반 라포르스트 Ernst van Raaphorst: p.17, 22, 42, 54, 58, 62, 66, 70, 84, 88, 103, 112, 117, 118, 119, 132, 138, 154, 158, 165, 174
오시프 반 듀이벤보데 Ossip van Duivenbode: p.30, 34, 46, 78, 91, 105
한스 하밍크 Hans Hammink: p.37, 74
에릭 반 노르드 Eric van Noord: p.50
이고르 슬라돌예프 Igor Sladoljev: p.136
마르코 반 미델코프 Marco van Middelkoop: p.148
NASA: p.166

3D 건축 렌더링 이미지 Architectural impressions
앱센트 매터 Absent Matter: p.106, 110, 140, 144
WAX: p.20

편집 Editing
에른스트 반 라포르스트, 한스 하밍크
Ernst van Raaphorst, Hans Hammink

한국 버전, 편집 Korean version editing
(JLP)제이슨 리, 유문영, 신영경, 김연지, 이주란
(de Architekten Cie.) 이 민아리
(JLP) Jayson Lee, Moon Ryu, Lena Shin, Yunjee Kim, Bella Lee
(de Architekten Cie.) Minnari Lee

네덜란드 번역 Translation
Duo 번역 에이전시 Duo Vertaalburo

인쇄 Printer
SEJONG Color & Printing

도움을 준 사람들 Thanks to
페트란 반 힐, 닉 야링, 키스 아네마트, 팀 드 보어, 앤드류 페이지, 헹크 데 하스, 에스더 크롭, 엘스 질스트라, 히도 베미어, 돌프 배커, 요하네스 헤달 한센, 로나 깁슨, 안드레야 마토탄, 패트리시아 모에리케, 루크 흐라만스
Petran van Heel, Niek Jaring, Kees Anemaet, Tim de Boer, Andrew Page, Henk de Haas, Esther Krop,
Els Zijlstra, Guido Vermeer, Dolf Backer, Johannes Hedal Hansen, Lorna Gibson, Andrija Matotan, Patricia Moericke, Luuk Graamans

한국 버전, 도움을 준 사람들 Korean version thanks to
김란영(윤문), 이채령(번역), 이혜린(검수), 윤혜원(검수), SEJONG 컬러 프린팅(인쇄)
Ranyoung Kim(Formatting and Proofreading), Che Lee (Translating), Hyelin Lee(Review/Consulting), Stella Yoon(Review/Consulting),
SEJONG Color&Printing(Printing)

출판 Publisher
JLP International.
20-16, Daesagwan-ro 11-gil, B1F,
Yongsan-gu, Seoul, Korea, 04401
T: +82(02) 3785 0714
www.jlpinter.com

de Architekten Cie.
Klaprozenweg 75A, 1033 NN Amsterdam
Postbus 576, 1000 AN Amsterdam
t: +31(0)20 5309 300
www.cie.nl

© de Architekten Cie.
Second edition in Korean
2024, Amsterdam, The Netherland

이 책은 저작권법에 따라 보호받는 저작물입니다.
이 책 내용의 전부 또는 일부를 재사용하려면 반드시 저작권자의 동의를 받아야 합니다.

ISBN 979-11-962423-9-8